新特産シリーズ

ソバ

条件に合わせたつくり方と加工・利用

本田 裕＝著

農文協

まえがき

ソバのもつ栄養価や自然食品ということが広く認識されるようになり、国産ソバの人気が高まっている。農家もできたソバを穀実として販売するだけでなく、粉にしたり、ソバ切りにして消費者に直売する例が増えている。グループでそば屋を出して、地元産ソバ一〇〇%の手打ちそばが人気を呼んでいるというニュースも珍しくなくなった。地域のイベントでも手打ちそばの実演がすっかり定着し、消費者との交流に欠かせない素材になっている。

また、一面に咲きほこる白や赤の花は景観づくりにもってこいで、景観作物としても見直されている。食用としても、ソバ切りだけでなくパンやお菓子、まんじゅう、パスタなどいろいろな加工品に利用されたり、若いソバの茎をおひたしにして食べるなど多彩。さらに、ソバのアレロパシー物質が、雑草を抑えることが確認されこの点でも関心が高まっている。

現在国内で流通しているソバは中国、アメリカなど外国からの輸入が大部分で、約八割が輸入品で国産は二割しかない。香りや風味がよい国産ソバは、本物のソバとして消費者に求められている。ソバは機械化が進み低コストで栽培が可能な作物であり、水田の転作作物としても導入しやすい。栽培期間が短く輪作にも入れやすいし、肥料や防除もほとんど必要なくつくりやすい作物である。

多くの方がソバづくりに取り組む条件はそろっている。

国内のソバ栽培の発展を念じながら、これまでの調査・研究、先輩の貴重な文献、さらに生産者の技術を参考にさせていただきながら本書をまとめた。栽培法だけでなく、起源や歴史、世界のソバ利用、植物としての特性、製粉や加工とその機械の紹介もしている。農家だけでなく、そば屋さんやソバ好きの方まで広く本書を活用していただければ幸いである。

最後に、先輩諸氏、資料を提供して下さった信州大学、京都大学、長野県中信農業試験場、北海道十勝農業試験場、北海道農業試験場、農業研究センター、社団法人「日本蕎麦協会」の方々、出版にご援助賜った有原丈二博士、農文協編集部のみなさんに厚く感謝の意を表します。

二〇〇〇年一月

著者

目次

第3章　ソバ導入のポイント

第4章　ソバ栽培の実際

第6章　ソバ栽培・加工・販売の実例

第1章　ソバの魅力

1、広がるソバの利用

(1) 地域特産としてかかせないソバ

ソバは中山間地の特産作物として栽培されることが多い。最近ではソバ生産だけでなく、製粉からソバ切り販売まで一貫して行ない、さらには開花時期にソバの花祭りを開催し、知名度を上げているところもふえている。都会の人もその噂を聞きつけて、車で数時間の距離でも食べにくるということである。ソバツアーの観光バスがやってくるほどの名所になったところもある。

このように、これまで痩せ地と貧困の代名詞であったソバが、都会の人をもひきつけ〝むらおこし〟にかかせないものになっている。まさに、「ソバをつくると村が栄える」という状況が広がっている。

(2) ソバ切りだけではない多様な加工利用

そばということばが麺類の代名詞となっているように、ソバ切りとしての利用がほとんどであった。また、ソバがＳＯＢＡというように国際化し、外国から帰った日本人が、まずソバを食べたくなるというように、ソバ切りは日本独特の食品であると思っている人が多い。しかし、ソバ研究がすすみ国

図１－１　一面のソバ畑（写真　岩谷）

図１－２　イベントでのソバ打ち実演

（写真　原田）

際化するにしたがって、多くの国々でソバが栽培、利用されていることが明らかになり、外国におけるソバの加工・利用にも関心が高まっている。

ソバは、痩せ地に栽培され、コムギやコメのような作物の王様でなく、徴税の対象にもならない貧者の食料であった。したがって、ソバが利用された食品は各国それぞれ伝統的であり、かつ庶民的なものである。たとえば、インド、ネパールのヒマラヤ高原地帯ではコムギ粉でないソバチャパティであり、イタリアのアルプス地帯ではソバパスタであり、フランスのブルターニュ地方ではソバクレープであった。とくに、コムギ粉を利用した食品の代用食として用いられることから、今後従来のコムギ粉食品の多くにブレンドされたソバ食品となる可能性がある。

(3) 注目されるもうひとつのソバ利用

①高まる景観作物としての人気

ソバがすすんで栽培される理由のひとつに花の美しさがある。ソバ一つひとつの花はおよそ三〜六ミリほどで可憐なものだが、その花は花房に集合し、無限花序であるため、開花期間が二〇〜三〇日続く。開花期は、圃場一面が白くなるので、ソバの花祭りのイベントの開催にはうってつけである。そして、イベントの成功により、生産者は現在のような厳しい農業事情のなかでも勇気づけられる。今や、ソバは単に生産・販売といった経済作物以上の価値をもっている。

②輪作体系に導入しやすい

また、ソバは六〇〜七〇日程度で成熟する短期作物であり、輪作体系のなかに柔軟に導入できる補完作物である。作物間の相性の問題もあって、後作作物の選定には十分注意が必要だが、ソバはコムギ、ナタネ、早掘りジャガイモ、サツマイモなど、さまざまな作物の前後作として導入されている。

図1－3　ソバの花（写真　宇佐見）

③アレロパシーで抑草効果も

ソバはアレロパシーにより他の作物の生育を阻害する。したがって、前作の作物の脱粒種子からの発芽、塊茎、塊根などからの出芽も抑制する。また、作物にとって有害植物である雑草の発芽・生長をも抑制する。ソバはもともと焼き畑農法での先駆的作物であり、いちばん最初に栽培し雑草などの発生を抑制するものであった。そのため、栽培管理でも除草剤散布の必要がなく、自然の健康食として消費者にも注目されている。今後は、現代の未墾地ともいうべき、雑草が生い茂っている放棄圃場への導入などにも注目されるであろう。

2、健康食品として定着―ソバの栄養と機能性―

（1）良質なタンパク質を含む

表1―1はソバの成分組成を示したものである。ソバはタンパク質一二～一六%、油分二～三%、灰分一・八～二・九%、繊維分〇・七～一・四%、でん粉主体の糖質が七〇%近く含まれる。

タンパク質のアミノ酸組成は必須アミノ酸であるリジン、イソロイシン、ロイシン、含硫アミノ酸（メチオニン、シスチン）などが含まれる（図1―4）。全卵タンパク価を一〇〇とした場合、ソバは八一となり、白米の七二、コムギの四七と比較すると、高品質なタンパク質を含有していると推察される。

ラットを用いた動物実験では、コメ、コムギなどの穀類とソバ粉を比較した場合には、ソバ粉をブレンドしたもののみが生き続けることができたとの報告がある。また、密教の修行には五穀断ちで穀物を食することはできないが、ソバのみ食することが許され、ソバのエネルギーにより修行を続けるとのことである。

表1−1 ソバの基礎成分（ソバ粉水分〜糖質） （日本蕎麦協会，1999）

産地名	銘柄	玄ソバ水分（％）	ソバ粉水分（％）	粗タンパク質（％）	粗灰分（％）	粗脂肪（酸分解）（％）	粗繊維（％）	糖質（％）
北海道	牡丹そば	11.3	11.6	12.5	1.8	2.8	0.9	70.4
茨城	常陸秋そば	11.9	12.8	17.9	2.9	2.5	0.7	63.2
栃木	信州大そば	16.6	11.0	14.7	2.1	1.8	1.1	69.3
長野	〃（1,280m）	13.5	13.5	16.0	2.4	2.4	0.7	65.0
長野	〃（ 800m）	13.6	11.1	12.6	2.1	2.1	0.9	71.2
福井	〃	9.8	10.8	13.4	2.2	2.3	1.3	70.0
徳島	みやざきおおつぶ	13.6	11.6	13.6	2.0	2.6	1.3	68.9
高知	〃	10.9	10.4	12.9	1.9	2.5	1.2	71.1
宮崎	〃	12.8	11.9	12.4	2.1	2.0	1.4	70.2
鹿児島	〃	10.4	10.1	14.6	2.1	2.9	1.3	69.0

(2) 高血圧によいルチン

ソバの機能性として、血圧降下作用のあるルチンが含まれていることがあげられる。ルチンの含有量は一〇〇グラムのソバ粉の中に三〜七ミリグラムも含まれる。また、水溶性であるため、ソバ切りのあとにソバ湯を飲むという習慣は、ルチン摂取のためにも有効である。

さらに、このルチンはソバ粉だけでなくソバ植物全体にも含まれており（表1—2）、ソバモヤシや若い茎葉のおひたしを食べることも、ルチン摂取に効果的である。

(3) 低カロリーのダイエット食品

ソバの主成分はでん粉であるが、そのでん粉はジャガイモ、コムギ粉、コーンスターチと比較して粒

表1―2　ルチンの含有量

種　　類	含有量(mg)
ソバの果実	9.28
ソバ粉	5.79
ソバの全草（葉茎花）	2.10
ソバ麺(干)	0.88
ゆでソバ	0.42
ソバ湯	0.21

子が細かく、そのため煮えやすく、消化管内ではソバ切りの形状で速やかに分解する。したがって、腹持ちがよくない。また、ソバでん粉はコムギ粉やジャガイモでん粉に比べ、ジアスターゼによる分解が劣り消化が悪い（表1―3）。そのため、結果的にカロリーの過剰摂取の予防となり、優れたダイエット食品であるともいえる。

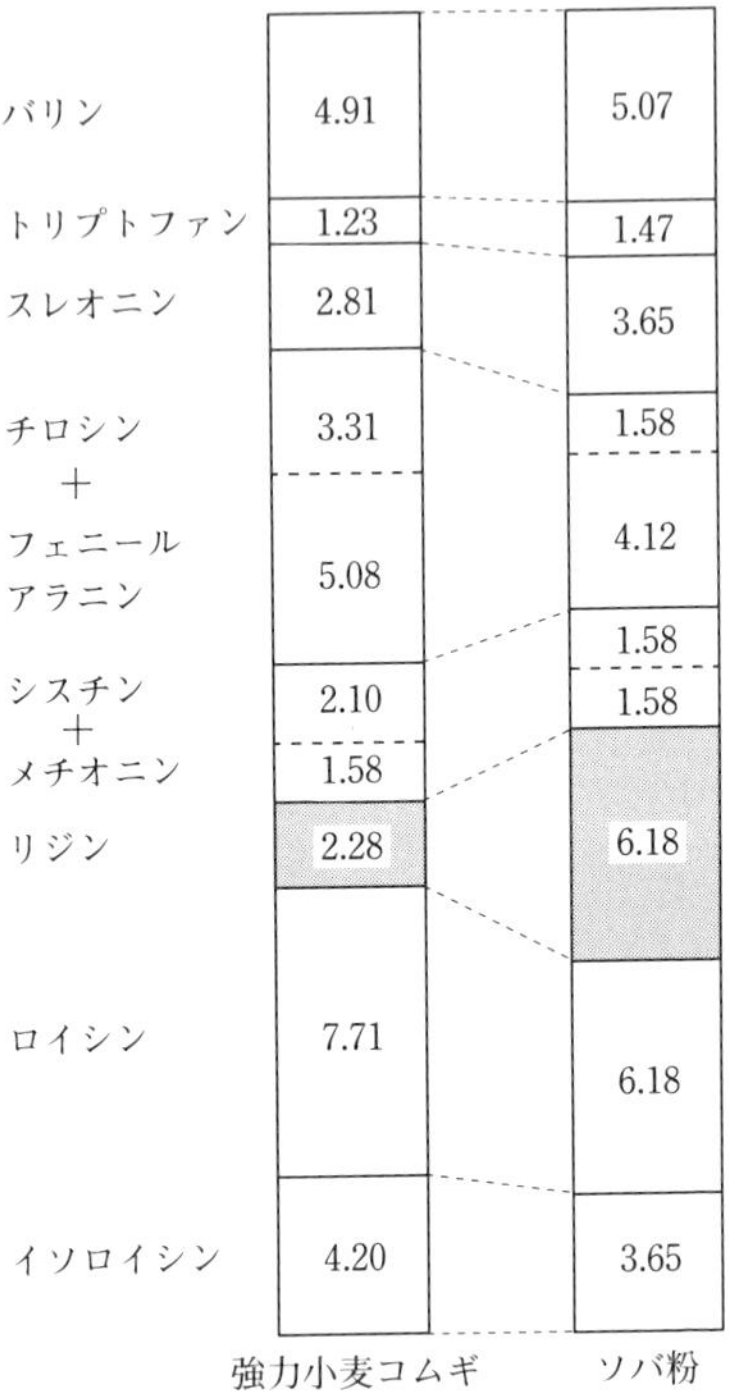

図1―4　ソバ粉とコムギ粉の必須アミノ酸量の比較

（日本蕎麦協会，1999）

注　日本食品アミノ酸組成表から，g/タンパク質100g

表1－3　ジアスターゼによる麦芽糖生成率

（古沢・原田，1957）

処理時間 / 種類	生（%）	70℃，5分（%）	70℃，15分（%）	90℃，5分（%）	90℃，15分（%）
トウモロコシ	4.3	90.9	92.3	93.8	94.5
ソバ	2.2	84.1	88.3	93.1	92.7
可溶性でん粉	0.0	46.3	84.2	92.2	97.3
コムギ	1.7	85.5	89.9	94.2	97.7

(4)　ソバアレルギー

ソバはタンパク質が多く、アレルゲンとしてのグロブリンも含まれている。ソバアレルギーの症状は多様で、発疹を示す程度のものから劇症的で死に至ることもある。現状ではソバを食べないという方法しかない。

グロブリンは分子量の異なる複数の分画により構成されており、各分画のアレルゲンとしての機能の解明が急がれている。将来的にはアレルゲンタンパク質の研究の進展により、アレルゲンタンパクの欠失した低アレルゲンのソバの開発が可能になると考えられる。

(5)　最近注目のダッタンソバと宿根ソバ

①ダッタンソバ

ソバの近縁種にダッタンソバと宿根ソバがある。ダッタンソバは、高ルチンの特性があるが、中国語で〝苦蕎麦〟ともよばれるように、苦みがある。最近は、わが国でも高ルチン性が注目され、商品化がなされており、目にとまる機会もふえてきている。また、中国では糖尿病の食事療法にも利用されており、わが国でも、今後注目されると考えられる。

②宿根ソバ

宿根ソバは、多年生のソバで、若い茎葉を野菜として用いるほか、その根茎が漢方薬（天蕎麦根テンキョウバクコン、薬効：肝炎・胃痛・血管強化）として利用される。

第2章　ソバの歴史と作物としての特性

1、起源と伝播

(1) ソバ属植物の分類と分布

①ソバはタデの仲間

私たちが一般に食べるソバ切りの原料となるソバ粉は、フツウ（普通）ソバとよばれる植物の穀実より得られる。フツウソバは、通常種ともよばれるが、本書では簡単にソバとよぶ。断りのない限りソバはフツウソバを意味するものとする。

このソバは植物分類学上はタデ科に属する一年生の草本植物である。その生殖様式は異型ずい（蕊）現象（後述）とよばれ、他花受粉の作物である。タデ科の他の植物としては、イヌタデ、ギシギシ、イタドリなどの雑草や山野草が多い。タデの若芽は料理の薬味として用いられ、ギシギシの根は漢方薬の材料に用いられるが、ソバのように広く利用されているものは少ない。学名は*Fagopyrum esculentum*である。英名でバックホィートBuckwheat、これはブナの実のような形のムギという意味である。

食用となるソバ属植物はほかに自花受粉である自殖性のダッタンソバ（*F.tataricum*）や、根茎に

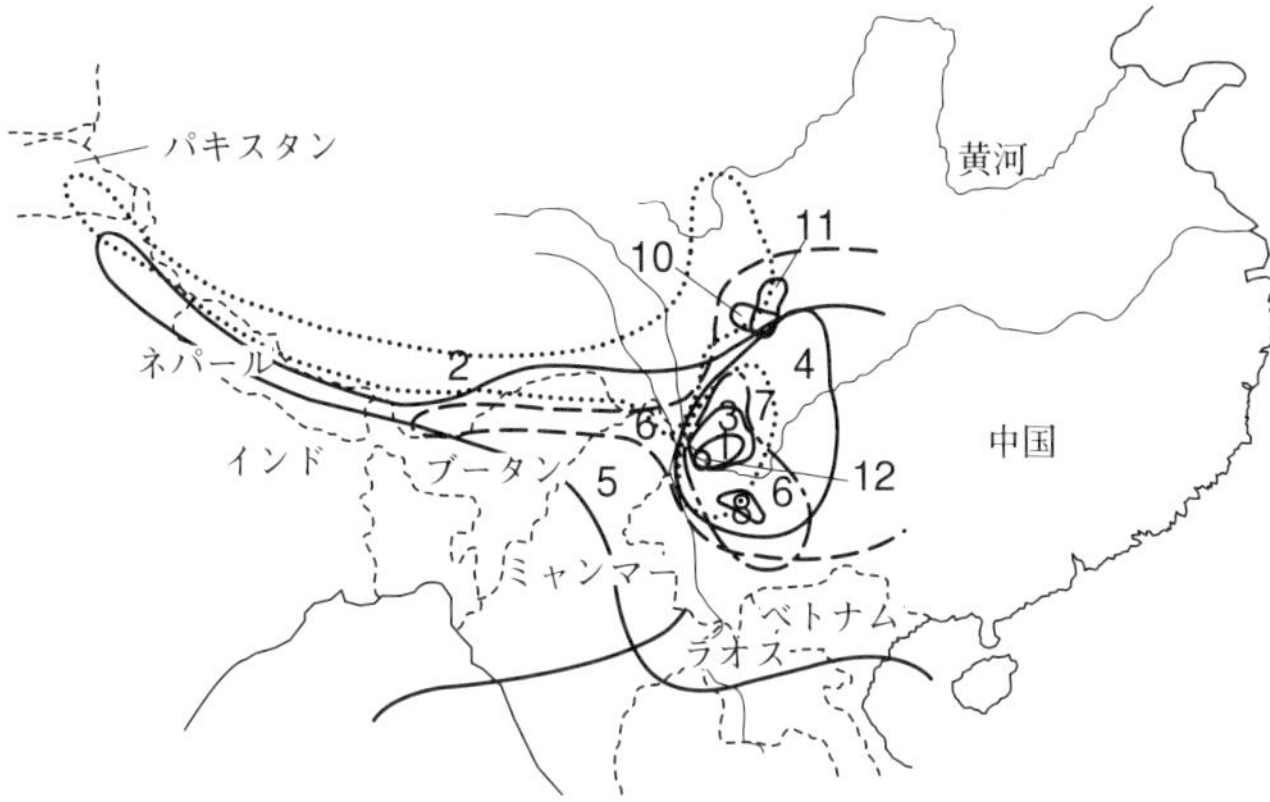

図2―1　ソバ近縁種の分布図　（大西，1998）

1.*F.esculentum* ssp.*ancestralis*　2.*F.tataricum* ssp.*potanini*
3.*F.homotropicum*　4.*F.cymosum*（2x form）　5.*F.cymosum*（4x）
6.*F.urophyllum*　7.*F.leptopodum*　8.*F.lineare*　9.*F.gracilipes*
10.*F.callianthum*　11.*F.pleioramosum*　12.*F.capillatum*

よって増える多年生の宿根ソバ（*F.cymosum*）があるが、国内で主に栽培されているのはフツウソバである。

②中国南部の山岳地帯が原産

ソバの起源に関する研究は一九九〇年代になり、京都大学大西近江教授により急速に明らかにされ、前記三種以外に一一の近縁種が紹介された（*F.cymosum*には二倍体と四倍体があり、総計一五種）。図2―1が明らかにされたソバ近縁種の分布図である。中国南部雲南省から四川省にかけての山岳地帯にソバ近縁種が多様に分布しており、この地がソバ属植物の発祥地と推定された。

③注目される自殖性（自家受粉）種の存在

一一種のソバ近縁種のうち、品種改良の

うえで興味深いのが*F.homotoropicum*である。種名にホモとついているように、この種は自殖性である。これまで、ソバへ自殖性を導入することが育種目標として掲げられていたが、そのための有効な育種素材がなかった。

栽培種として比較的手に入れやすいダッタンソバも自殖性であり、フツウソバとの交配実験が進められてきたが、ことごとく失敗に帰し、交配は不可能であった。しかしながら、*homotropicum*種とフツウソバとの交配は可能であり、今後の研究によって、自花受粉の自殖性ソバの開発が可能となるに違いない。

(2) ソバの伝播

①イスラム教徒によってヨーロッパに広まる

ソバは現在では、五大陸のさまざまな国と地域で栽培されている。中国南部の山岳地帯で栽培化されたソバは、イスラム教徒の進出によって中世の時代にヨーロッパにもたらされたといわれる。とくにソバはコムギが栽培できない東欧の厳寒地帯に広まった。スロベニアにおいてソバが記載される最古の文献は一四二七年であり、そのほか、ロシア、ウクライナ、ポーランドなどにおいて主要な食糧となっている。さらにドイツ、フランス、イタリアではクレープやパスタなどの伝統食品に利用されている。

図2－2　ソバの伝播経路　（俣野・氏原，1979）

北米へは、ロシアなどの東欧地域からの移住者がソバをもたらしたが、近年のアメリカやカナダの生産は主に日本向けのものであり、日本由来の在来種から育成されたもので、作物学的な特性は日本のソバとほとんど変わらない。

②朝鮮半島、対馬を経由して日本へ伝播

日本へのソバの伝播は、中国から朝鮮半島、対馬を経由して入ったと考えられている。図2―2は信州大学のグループが、調査した結果から明らかにした伝播経路である。対馬列島のソ

バの調査結果から、対馬には中国南部と同程度の日長反応性の強い秋型のソバがあることを明らかにした。さらに日本国内では、南方に秋型のソバが分布すること、北上するにしたがい日長反応性がしだいに弱まり、夏型のソバが分布することを報告している。そして、秋型のソバから日長反応の弱い夏型のソバを分離できることなどを考え合わせると、対馬から九州北部に入り、南下した経路と本州を北上した二つの伝播経路があると説明している（俣野・氏原一九七九）。

2、わが国でのソバ栽培の歴史と文化

(1) ソバの利用と栽培の始まり

わが国のソバ栽培はいつ頃から始まったか。縄文時代前期の北海道・伊達市北黄金遺跡で、ソバ種子が出土したとの報告がある。また、埼玉県岩槻市の縄文遺跡でもソバ種子の出土の報告もある。しかしこれらは、後世の混入の疑念もあり、縄文時代にソバが渡来したものとの確証は得られていない。弥生時代の静岡県の登呂遺跡および山木遺跡でもソバ種子が発見された。だが、同時に出土した種子に後世に渡来したはずのスイカの種子が混入しており、この時代という確証もまた得られていない。

言語学的観点から日本におけるソバの栽培の始まりに関するアプローチもある。ソバ種子の形状が

稜《そば》だっていることから古語ではソバムギとよばれていた。このことは、ムギを栽培し、利用した人により名付けられたものであり、ムギが日本に渡来してから後にソバが栽培されたと考えられる。実際、『古事記』の五穀とは、コメ、アワ、アズキ、ムギ、ダイズであり、ソバは含まれていない。この時代にソバが重要視されていなかったことを示すと同時に、ムギが盛んに栽培される四世紀終わりから五世紀にソバが栽培されたと類推される。

ソバ栽培が科学的に確実に同定されるのは、野尻湖湖底の試料の花粉分析結果である。一五〇〇年前に野尻湖近くで森林が伐採され農耕が行なわれており、栽培植物の花粉が大量に発掘されているが、その中にソバも含まれている。五世紀中頃には、確実にソバが栽培され始めたと証明されるのである。

わが国の文献での初見は『続日本紀』であり、養老六（七二二）年の不作に対し、元正天皇がソバを栽培せよとの詔を発せられている。しかしながら、延長五（九二七）年の延喜式における諸国の貢ぎ物にはソバが入っていないことから、ソバは政府の経済基盤とは無縁の作物だったのであろう。その後、長い栽培の歴史はあったものの、文献による詳細な記述はない。江戸に入るまで冷害、不作時の救荒作物の域を出ていなかったと考えられる。

江戸以前のソバの食べ方の主流はソバガキとよばれるソバ粉を練って団子状にしたものを、だし汁につけて食べるというやり方であった。江戸時代の作である『北条盛衰記』には、太閤秀吉が小田原攻略の際に石垣山の陣所に諸大名を集め、秀吉自身が瓜売りに仮装し馳走をふるまったと書かれているが、そのなかにソバの記載もある。この時代には、まだソバガキであったと推定されている。

(2) ソバ切りは江戸時代から

ソバ切りの発祥地は信州本山宿（現在の長野県塩尻市）もしくは甲州天目山（現在の山梨県大和村）との文献があるが、どちらも伝聞の域を出ない。ソバ研究の泰斗の新島博士は、江戸初期のソバに関する文献に寺社関係のものが多いこと、天目山が禅宗の寺であり、開基和尚が中国から帰朝後開いた寺院であることなどの例を挙げ、僧侶とソバ切り、さらに中国におけるソバ麺との関連を指摘している。

その後江戸中期以降の市中に関する文献にはソバ切りの記載は数多い。いずれにせよ、ソバ切りは江戸時代になり登場した、まさしく江戸文化の申し子といえる。

(3) 開拓地の先駆作物、救荒作物として栽培

明治以降のソバの統計を見てみると、明治三一年に栽培面積が一七万八五〇〇ヘクタールになったのが最高で、その後減少の一途をたどっていった。明治以降近代農法が導入され、全国で農地開拓が行なわれてきたが、ソバはその時まず最初に栽培する先駆的作物としての位置づけが高かった。しか

しながら、時代が進み農地が整備されてくると、食料自給の主要課題は主食であるコメの増産に移っていった。それ以降、ソバは救荒作物という認識から離れることはなかった。

したがって、ソバの利用法といっても、ソバ切り以外には、ソバガキ、ソバカッケ、ソバネリなど、地域の伝統食品として利用されるばかりで、ある意味でソバは貧困の代名詞的存在であった。

3、ソバの形態と生育の特徴

(1) 各部の形態と特徴

図2―3はソバの形態を示したものである。草丈約六〇～一三〇センチ、種子から発生した幼根が主根となり多くの分枝根が発生する。図2―4は各部の名称である。

①地上部にくらべて根の発達は劣る

種子から発生した幼根が主根となり多くの分枝根が発生する。根の深さは一〇〇～二〇〇ミリ程度で、根の乾物重は全体の三～五％であり、根系の発達は極めて劣る。ソバの根の生長は、はじめは急であるが、その後はしだいに緩やかになり、地上部の茎葉の発達にくらべて著しく悪い。したがって、畑に栽培しているソバを引っ張ると簡単に抜ける。排水の悪いところ、やせた土では根の発達がとく

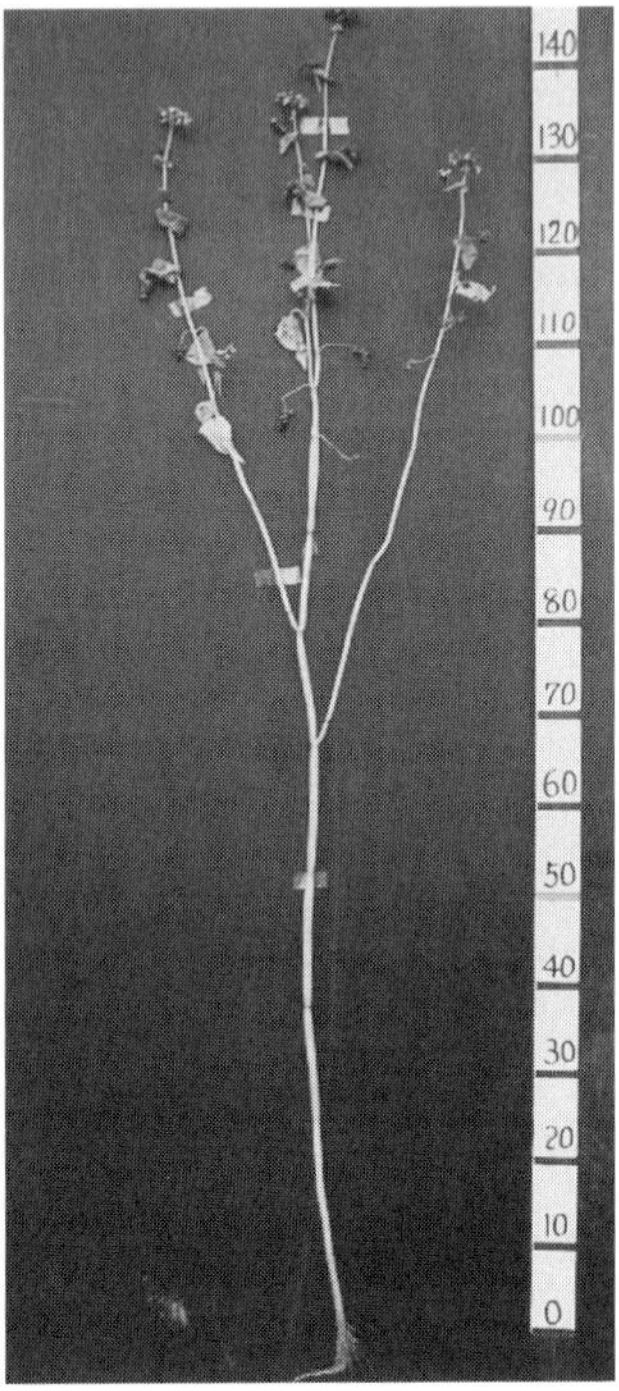

図２－３　ソバの形態

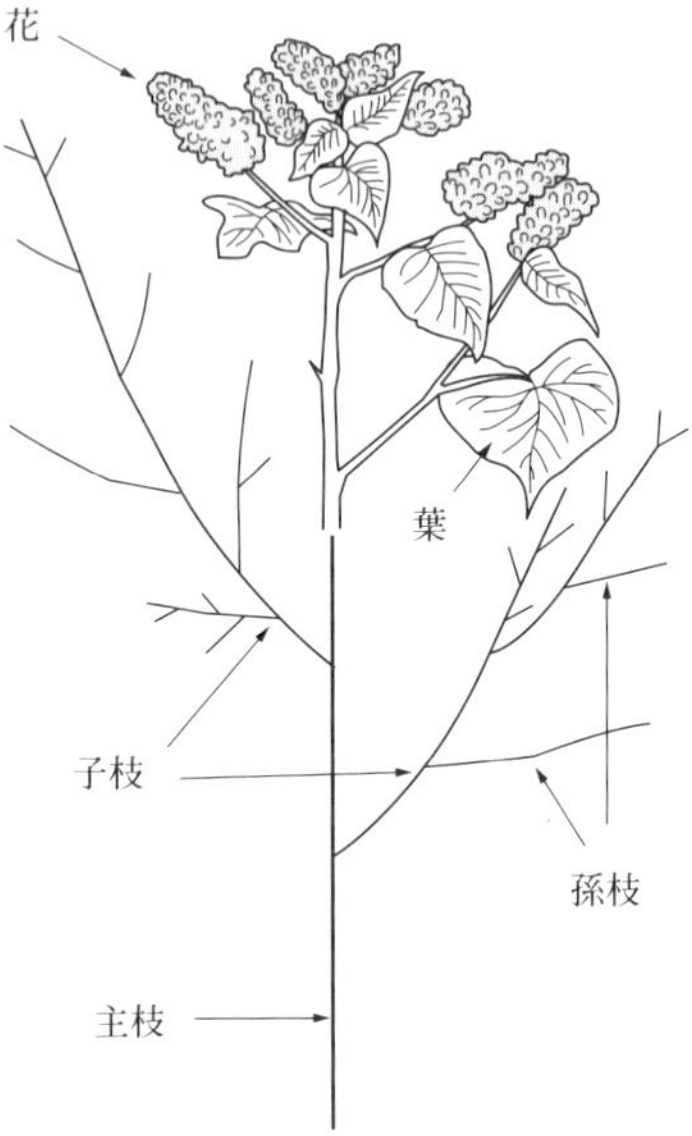

図2－4　ソバの各部の名前

（菅原，1974）

に悪く、生長が劣り収量が低くなる。

土寄せ（培土）を行なうと地表近くに細かな根が発生し肥料や水分の吸収がよくなる。また、耐干性が高まり、倒伏も防ぐ。根の発達を促すうえで、培土は有効な栽培技術である。

②茎は淡紅色で高さ六〇～一三〇センチ

茎は真っ直ぐに伸び、一面が凹みをもつ円筒形で軟弱である。中空・無毛で淡紅色を帯びている。成熟期になるとその色は一層鮮明になる。

茎の高さは夏ソバの半倭性の品種で

六〇センチ、秋ソバの生育旺盛なものは一三〇センチまで生長する。茎を構造、生理、機能の点で、上・中・下の三部分に分けるのが一般的である。下部は子葉節から下で根を発生する部分、中部は分枝を発生する部分、上部とは花房をつけ結実する部分である。

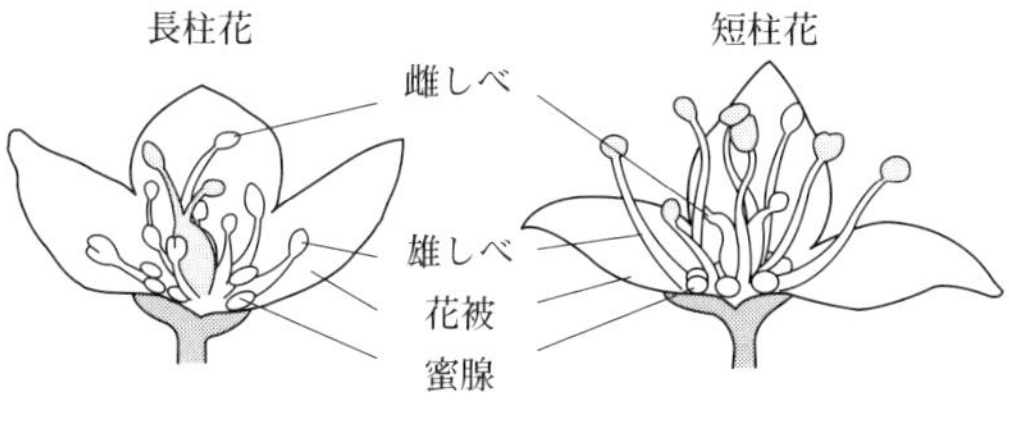

図2―5　ソバの花弁の構造（菅原, 1974）

下位より数節目の葉腋に第一次分枝が発生する。第一次分枝がさらに数次に分枝する。分枝の数は厚播きにすると減少し、逆に薄播きで十分な空間があると盛んに第二次分枝、第三次分枝と発生する。

③葉は心臓形から矢羽形

葉は広く、多くは心臓形であるが、三角形もしくは矢羽形のものもあり、各節に一枚ずつつき、互生する。下位葉は心臓形で長い葉柄をもち葉面積も大きい。上位葉は葉柄をほとんど欠き、上位節になるにしたがい、三角形や極端に細い矢羽形になる。このような形態により、どの葉も均等に太陽光線を受光できる配置となっている。

④花は房状に着生、赤花も

図2―5は花の形態を示したものである。花は直径約三～六ミリ、花弁のように見える五枚の萼、八本の雄しべ、一本の雌しべからなる。花は各枝の先端にたくさん集まり総状をなしており、多数の蕾からなり毎

図２－６　長柱花（ピンタイプ）

図２－７　短柱花（スラムタイプ）

日下部から少しずつ咲き、しだいに先端へと進む。このような開花方式を無限花序とよぶ。また、多数の花が房状に着生するため先端の花の集合体を花房とよぶ。

　もともと日本産の花色は白色であるが、その集団の中に淡紅色または紅色をしているものが、少数出現することがある。その生理・遺伝学的なメカニズムはまだ明らかにされていない。近年、ネパールなどの外国産のソバを品種改良した赤色の花色の品種が育成されてきているが、それは日本産ソバに現われる紅色とは異なる品種固有の花色である。

異型ずい現象　ソバは他家受粉の他殖性作物であり、その生殖生理は異型ずい現象とよばれ、特異的である。

花柱が長く（約一・八ミリ）、雄しべがそれより短い長柱花（ピンタイプ：図2―6）の個体と、逆に花柱が短く（約〇・六ミリ）雄しべがその三倍ほど長い短柱花（スラムタイプ：図2―7）の個体との間で受精が行なわれ結実する。これを適法受粉という。長柱花同士、短柱花同士の受粉は不適法受粉とよばれ、結実することは少ない。

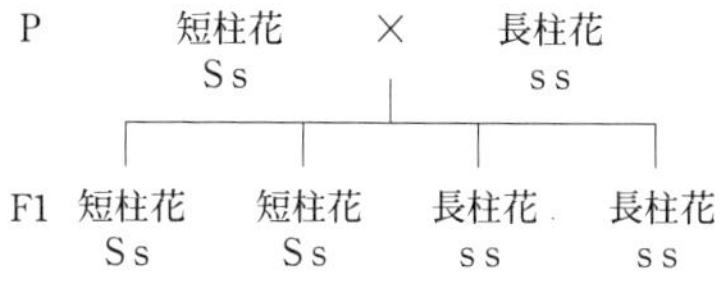

図2―8　短柱花と長柱花の遺伝

長柱花と短柱花の存在比はおよそ一：一であり（図2―8）、夏ソバでは五～一〇％程度長柱花が少なくなる。ソバのほか、サクラソウ、ミツガシワなどにもみられる生殖現象である。イネ、ムギのような自殖性作物は咲いた花の雌しべと雄しべの花粉で結実する自家受粉であるのに対し、異型ずい個体間受精により結実するため、無駄花が生じ、収量が安定しないという欠点がある。

花被　五枚あるように見える花被（花びら）は、実は萼である。開花が終わると普通の植物の花びらは散ってしまうものであるが、ソバの場合には開花結実後もこの花被が果実の下にしっかり着いており、通常の脱穀、調製でははがれない。可憐な花被も生産のうえでは、やっかいなものである。

蜜腺　花が満開のソバ畑に行くと、独特の匂いが充満している。これがソバ

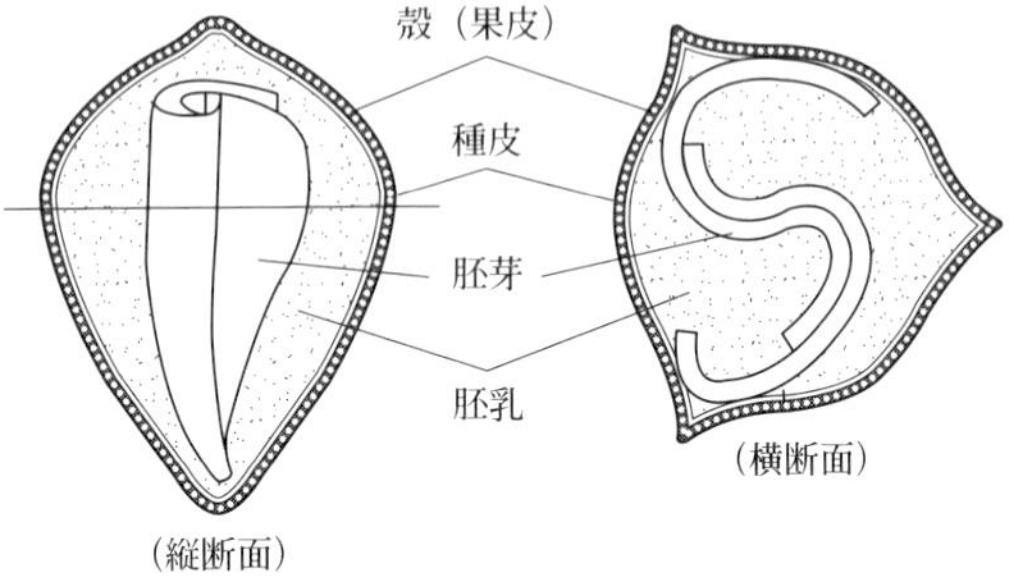

図2−9　ソバ子実の内部構造

（日本蕎麦協会，1999）

蜜の香りである。香りに誘われて、多数の虫がソバ畑を飛び回っている。昔から、この蜜はミツバチによる採集が効率的であるため、蜜源植物として重要視されてきた。蜜が分泌されるのは、雄しべの基部にある八個の蜜腺である。

花梗　花梗は植物体から花へと伸びている花の柄である。この花梗は直径が〇・五ミリ、長さが二〜五ミリと大変細い。しかも果実が熟すると、花梗も枯れ大変もろくなる。さらに、乾燥すると折れやすくなる。ソバの実はこの花梗により植物体に支えられているので、風や振動によってソバの実は簡単に落果してしまう。収穫時の刈取り作業の時にはこのことを思い出して注意を払うよう心がける。

(2) 子実は三角形

ソバの子実は瘦果とよばれ、主に三稜をなす三角形で、黒褐色もしくは銀灰色である。千粒重は、主にヨーロッパの銀灰色品種で一六〜二〇グラム程度、国内の二倍体品種は二八〜三五グラムであり、四倍体品種は四〇グラム程度である。

図2—9に子実の構造を示した。生産、流通する子実を玄ソバとよび、そば殻とは玄ソバから取り除かれた果皮である。果皮の下には薄い種皮に包まれた胚乳と胚がある。この種皮は甘皮とよばれ、収穫時には新ソバの特徴である薄い緑色をしており、時間が経過するにつれ緑色のクロロフィルが減退し赤茶色に変色する。胚乳は白色のでん粉を多く含み、胚乳の中に摺曲した胚があり、子葉が発達している。

(3) 夏ソバと秋ソバと生態型

夏ソバと秋ソバという言葉がある。これは、主に日本の関東甲信地域において五月上中旬に播種して七月上旬に収穫するものを夏ソバとよび、八月中下旬に播種し一〇月中下旬に収穫する秋ソバとを区別したものである。一般に、秋冷涼になり収穫される秋ソバのほうが風味がよいとされている。

秋ソバおよび夏ソバの違いは、日長反応性の強弱により分類されたものである。ソバの場合の日長反応性は、一二～一三時間の日長を超えると開花が遅延するものを秋型、超えても反応が鈍く開花するものを夏型という。南北に長い日本列島では、南方に日長反応性が強い品種が分布し、北方にいくにしたがい日長反応性が弱い品種が分布している（図2—10）。つまり、ソバを栽培するにあたっては、地域に適する日長反応性をもつ品種選択が重要である。品種の選択については後述する。

図2—10　地域別のソバ品種と播種期

(4) ソバの遺伝学と大粒四倍体品種の作出

ソバの染色体数は一六本あり、染色体の基本数がn＝8である二倍体の作物である。コルヒチン処理により染色体数が倍化した四倍体品種（染色体数三二）が育成されたがこれは人為的なものであり、もともと自然界には存在しなかったものである。

ソバの遺伝的研究については、京都大学のグループにより精力的に行なわれ、倭性、色素および同位酵素などの遺伝子に

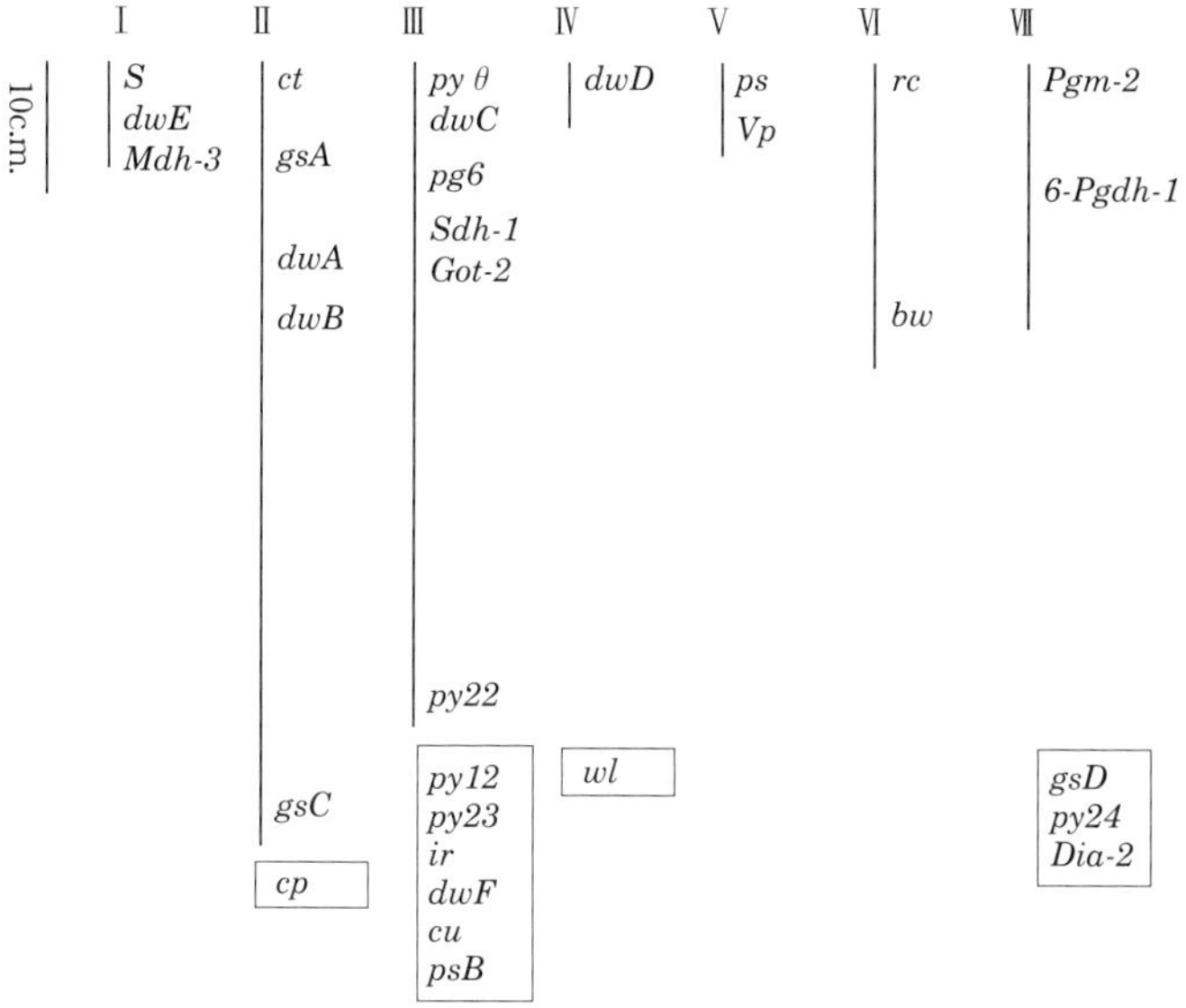

図2―11　ソバの連鎖地図　（大西・太田, 1987）

より図2―11にみられる連鎖地図が作成されている。しかしながら、農業的に重要な形質はまだ十分に明らかにされていない。成熟期、草丈、病害抵抗性などの農業形質の遺伝子の連鎖群およびその地図上の位置が明らかにされれば、ソバの育種の効率化に役立ち、有効に活用されると考えられ、今後の進展が望まれる。

　また、京都大学のグループは引き続き、RFLP（制限酵素断片多型）あるいはRAPD（ランダム増幅多型）マーカーというゲノム遺伝子（核遺伝子）による物理地図作成にも努めている。これらの遺伝子マーカーは、気象などの環境条件に影響を受けない。これらのマーカーは起源研究の有効な手段となるほか、物理地図上の遺伝子と農業形質との関係を明らかにすることにより、一層のソバ育種の効率化に貢献すると考えられる。

信州大学のグループは四倍体品種「信州大そば」と四倍体の野生種*F.cymosum*の雑種を作出した。ソバ近縁種の遺伝資源としての可能性は論じられてきたが、交雑不稔のため省みられることは少なかった。この実験材料が即座に品種改良に役立つものではない。しかしながら、異種間交雑は品種改良のための有効な手段の一つであり、ソバ育種研究における嚆矢といえるものであった。

第3章　ソバ導入のポイント

1、ソバ生産の現状と導入の課題

(1) 消費は伸びているが生産は横ばい

ここ数年のソバの生産量は漸増の傾向で、これは水田作ソバの増加に依存している。稲作自由化と減反強化で、ダイズなどの畑作物の機械を転用できる、土地利用型の転作作物として注目されているためである。

図3―1は道府県別の作付面積（抜粋）であるが、北海道が第一の生産地帯で国内生産の三割の生産を占め、東北地方の福島、山形、青森、信越地方の新潟、長野、南九州の鹿児島、といった県が続く。北海道を除くこれらの県は年次により順番が入れ替わるが、水田の生産調整が続くなか、ソバの生産は今後も堅調な推移を示すと考えられる。

図3―2はソバの消費仕向量のグラフである。ソバの消費量は、増加傾向が認められるが、国内生産量は横ばいである。消費の伸びは、外国からの輸入の増加に依存しているといえる（図3―3）。

(2) 新品種の開発で生産安定

ソバの単収はおよそ一〇アール当たり一〇〇キロと低く、これまでは農家経営の点からも魅力は乏しかった。しかし近年は、水田転作の強化で生産者からも見直されてきた。一方、ソバ栽培技術は昔ながらの手刈りについての情報が多く、機械化栽培に対応できていなかった。しかし北海道では新品種の開発が進み、それを軸に機械化に向けた栽培技術の改善、種子供給のルートの安定など、生産者が安心して、安定的に取り組む下地ができている。このように、新品種の開発は生産安定の特効薬でもあり、各地域における新品種開発がソバ栽培の技術革新を生むと考えられる。

図3−1　ソバの栽培面積

（農林水産省，1999より作図）

　しかしながら、新品種の開発は二、三の県で実施さ

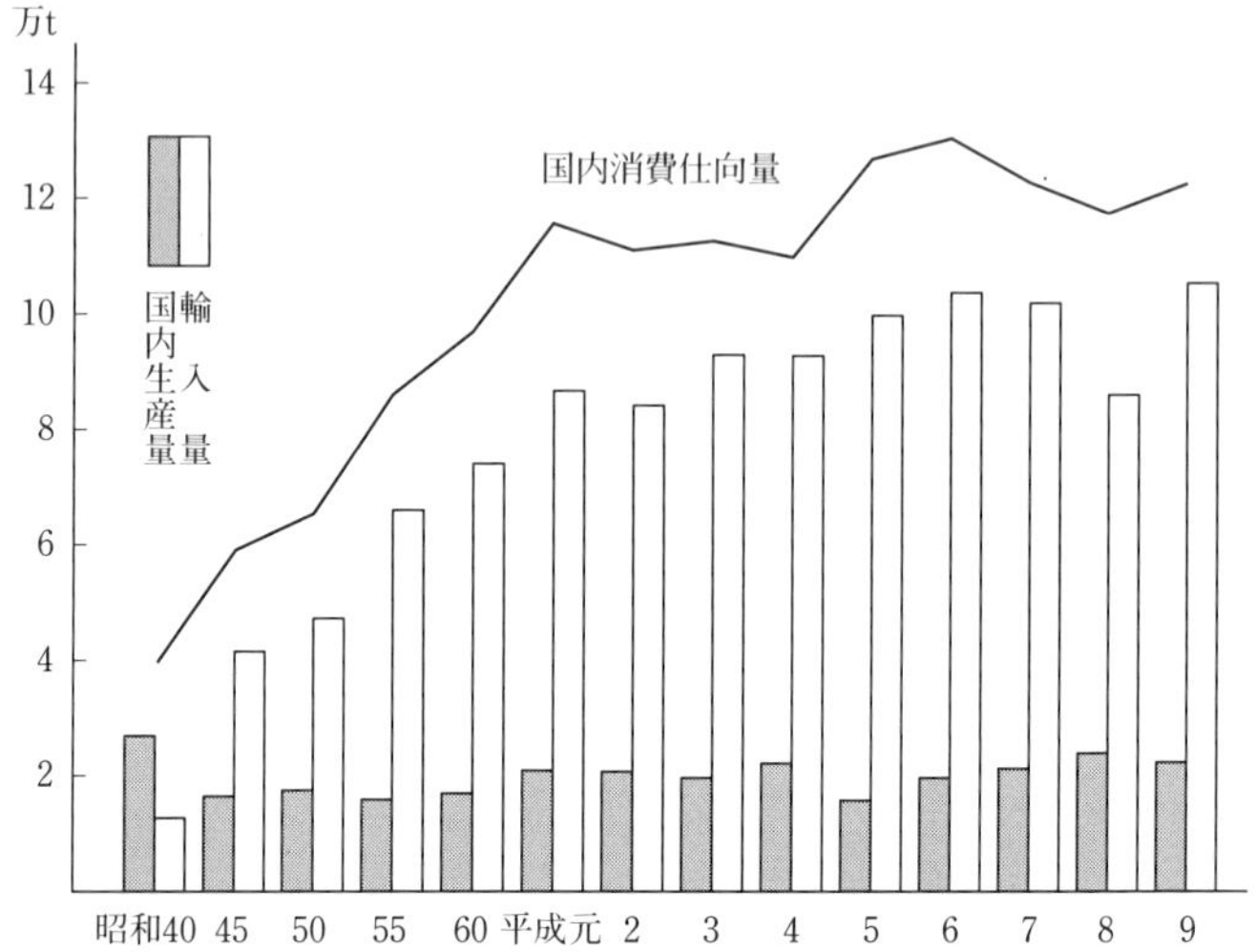

図3−2　ソバの消費仕向量　（日本蕎麦協会，1999）

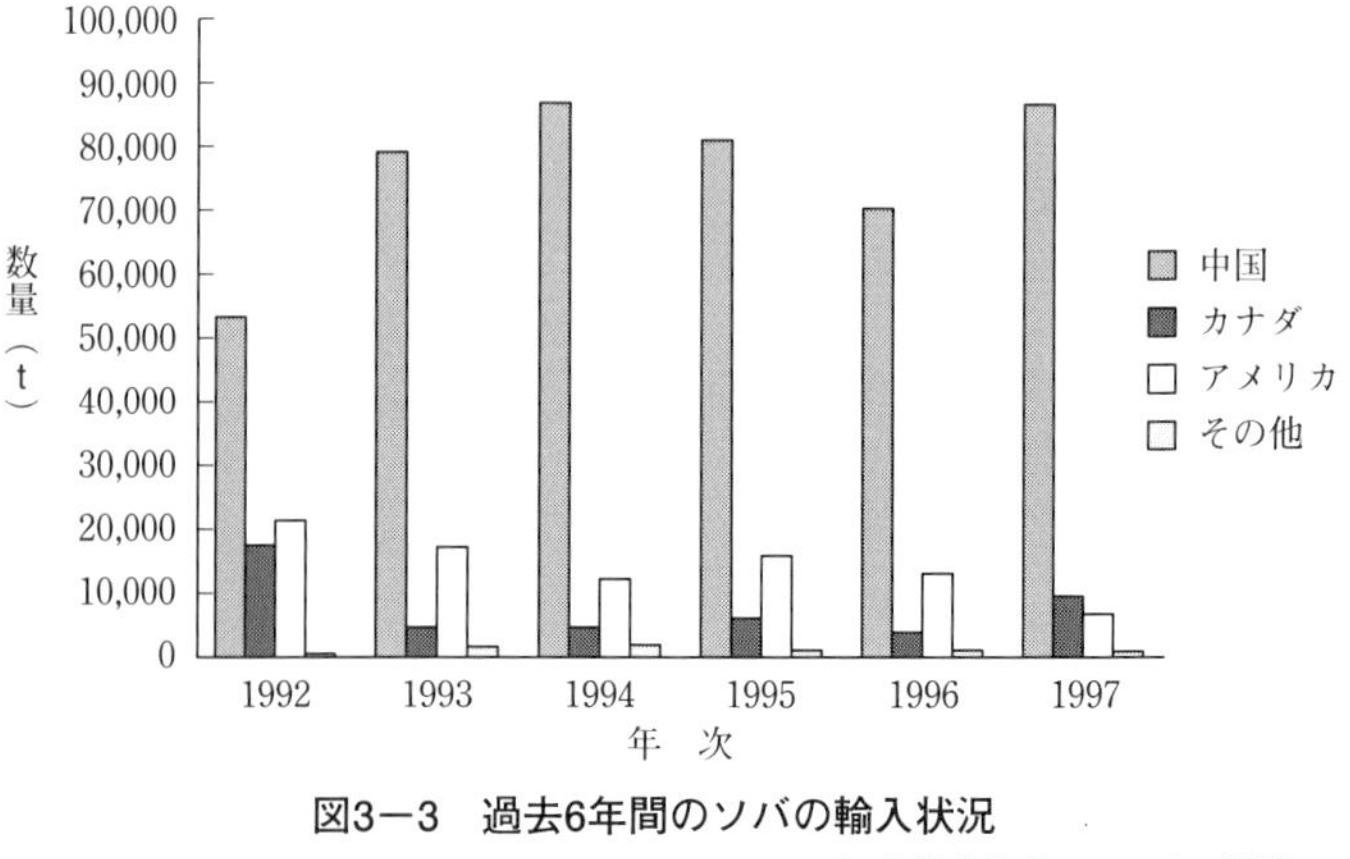

図3−3　過去6年間のソバの輸入状況

（日本蕎麦協会，1999より作図）

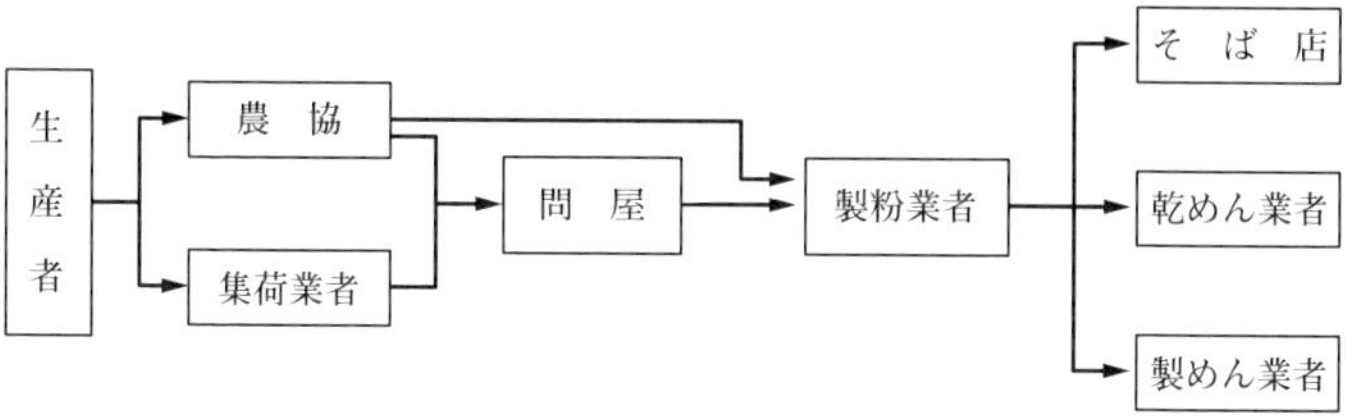

図3—4　国内産玄ソバの主要な流通ルート

（日本蕎麦協会，1999）

れているだけで、いまなお多収品種の有効性の論議がなおざりにされている。今後、新品種開発と栽培技術改善が一体化して、ソバ生産が向上することが望まれる。

(3)　ソバの流通と有利に販売するために

収穫したソバ子実は玄ソバとよばれる。生産者から消費者にいたる玄ソバの流通は、国内産と外国産により異なるルートをとる。また、生産物としてソバを栽培するには、価格の動向により、利益も得るし、損失することもある。このような観点から、ソバの流通と価格の変動について述べたい。

①国内産玄ソバの流通ルート

図3—4は国内産玄ソバの流通ルートを示したものである。以前は集荷業者が直接生産者から買い入れていたが、近年ソバ流通の助成事業が開始され、JA（農業協同組合）の取扱い高も増加している。集荷された玄ソバのうち若干は地場で消費されるが、問屋によって消費地に集められ、製粉業者に売り渡される。そして、製粉業者により製

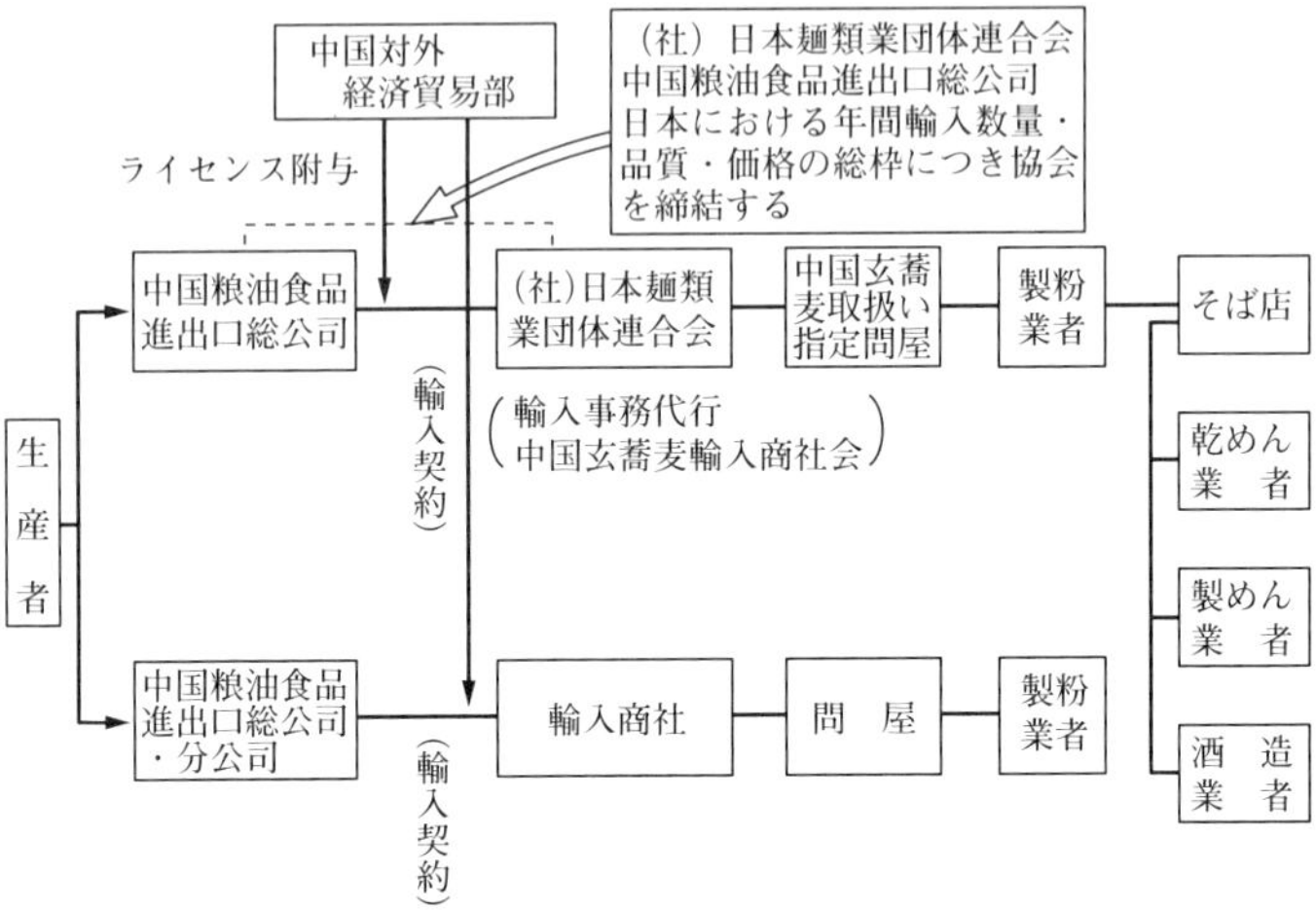

図3－5　中国玄ソバの流通ルート

（日本蕎麦協会，1999）

粉された「ソバ粉」がそば店舗などへ販売されるというルートである。

②外国産玄ソバの流通ルート

外国産玄ソバの流通ルートは、中国産と北米（アメリカ、カナダ）産とで異なる。

中国産の流通ルートを示したのが図3―5である。社団法人「日本麺類業団体連合会」と中国粮油食品進出口総公司とが日本国内の需給安定化について協議し、年間の輸入数量および価格について協定を締結する。（社）日本麺類業団体連合会は主として「内蒙古産Ａ（大粒で中国で最高級）」を取り扱っている。また、輸入商社は中国玄蕎麦取扱い指定問屋を通じて内蒙古産Ａを購入し、中国のその他産のものを輸入協定数量枠内で輸入する。これらの玄ソバは問屋を通じて製粉業者へ引き渡される。

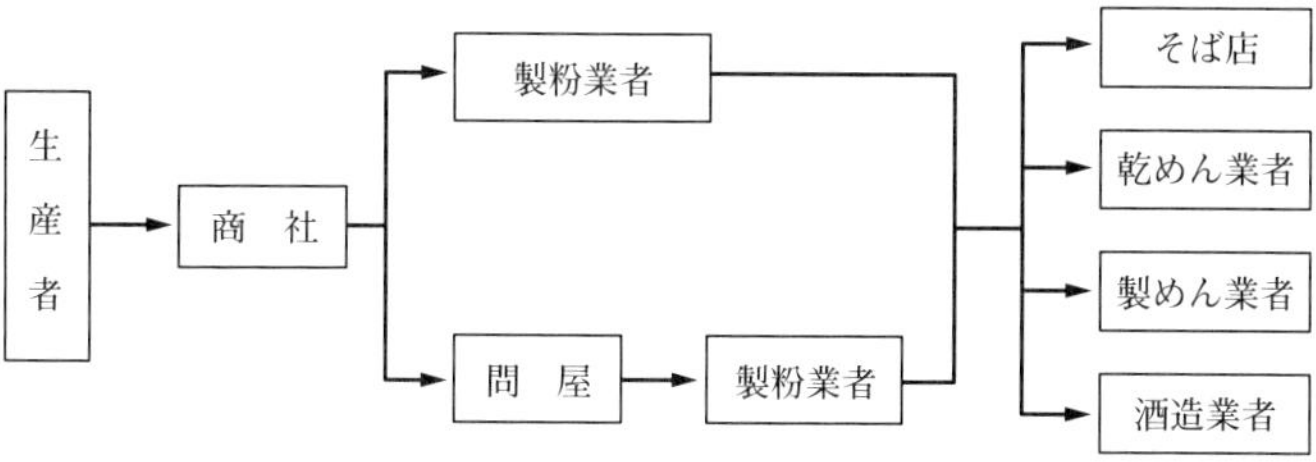

図3—6　カナダ，アメリカ玄ソバの流通ルート

（日本蕎麦協会，1999）

北米産の流通ルートを図式化したのが、図3—6である。輸入商社が玄ソバを輸入し問屋を通じて、製粉業者や問屋へ売却される。

③契約栽培の例も多い

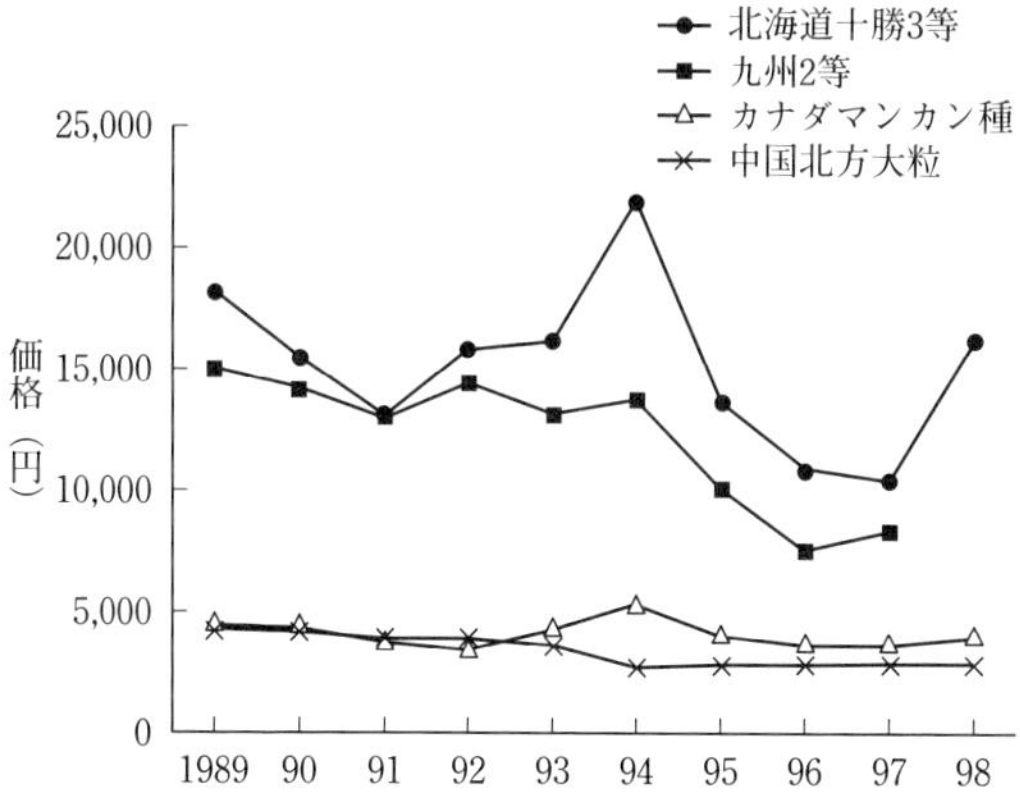

図3—7　過去10年間のソバの市場価格

（日本蕎麦協会，1999より作図）

ソバの価格は自由相場により動く。つまり、生産が増大すると価格が安くなり、逆に不作のときは価格が上昇する。図3—7に一九九八年までの過去一〇年間の相場を示した。一九九三年の冷害など、不作年には相場も上昇傾向にあるが、生産量が過剰になると下落する。このような価格の乱高下からの防衛手段として、生産者はソバ製粉業者あるいはそば店舗と契約栽培を行なう例が多い。

④定着するソバ切りなどの加工販売

中山間地におけるソバ産地では、低価格の玄ソバの原料販売から、最近ではソバ店舗を経営してソバ食品、生麺、ソバ粉など付加価値を高めての販売が広がっている。また、ソバの開花期間、収穫後に行なわれるソバに関するイベントを開催し、集客をかねて宣伝し、特産品としての知名度のアップをはかっている。玄ソバは相場に左右されるため、安定した販売をするための生産者サイドのこういう試みは、一つの大きな流れとして定着していると考えられる。

2、圃場条件やねらいにあわせた取り入れ方

(1) 水田転作での取り入れ方

近年のソバ生産の増大は、水田転作によるものが大きい。ソバは極めて水に弱い。排水の行き届いた転換畑においても長雨が続き滞水すると、病気が発生し枯死してしまう。水田転作の要点は、排水である。地下水位を最低四〇センチ以下に下げる必要がある。圃場周囲に明渠を設け、圃場内にも五～六メートルおきに表面水をとる排水路を掘る。排水不良の転換畑では抜本的な排水対策なしでのソ

バ栽培は不可能である。

とくに重粘土で排水不良な転換畑の改良法として、モミガラを充填しながら心土破砕を行ない本暗渠の通水性を高める「重粘土土層改良機」が開発され、効果が高いことが実証されている。施工費用は地域により異なるが、一〇アール当たり二~三万円でコムギなど転作作物の増収と水稲収穫時の地耐力も認められている。

泥炭土は腐植質が多く、窒素成分が過剰傾向にある。元肥の窒素施用量を極力抑え、一〇アール当たり〇~一キロ程度施用する。

(2) 野菜跡などへの取り入れ方

野菜跡については、窒素が過剰傾向にある。したがって、窒素を一〇アール当たり〇~一キロ程度の施用に抑える。農家の栽培事例では、無肥料にしている例も多い。また、野菜とソバの共通害虫であるヨトウムシ、ハスモンヨトウが発生するので圃場の状況に注意し、大発生した場合には防除に努める。

(3) 緑肥作物としての取り入れ方

緑肥作物は、鋤き込んで、有機資材として活用するものである。ソバは雑草抑制のアレロパシー効果があるため、緑肥作物としても有効である。すでに、圃場条件としてソバの栽培に関する注意点は述べたが、緑肥作物としての注意点は、次の作に種子を残さないようにすることである。とくにソバは、野良生えが随時出てくるので、除草（ソバをとる）の手間が大変である。ソバは開花後二〇日前後で発芽可能な実が着生するため、この時期までに鋤き込むことが重要である。

(4) 景観作物としての取り入れ方

近年赤花のソバ品種が民間で育成され、栽培面積も増加傾向にある。ソバは他殖性作物であり、隣接して他の品種が栽培されていると、品種間で簡単に交雑してしまう。赤花と白花両方を栽培すると、コントラストになって美しい景色になるが、その時には交雑種子ができてしまうので、そこから得た種子は景観用としては適さない。異なる品種を近接して植えた場合には、そこから得られたソバの実は種子として使用しないことが重要である。種子には、必ず隔離採種された種子を用いることが望ましい。隔離採種に利用する圃場は地形的に山や川で隔離されていることが望ましいが、少なくとも隣のソバ圃場から直線距離で二キロ離れた場所に設ける必要がある。

(5) その他

ソバは生長が早く、牧草としての利用も試みられてきた。しかしながら、牛馬にはアレルギー（ソバ病）が発生するため、牧草としての研究は行なわれていない。

3、ソバの入った輪作体系

(1) 輪作作物としてのソバの利用

ソバの単収は平均一〇〇キロ／一〇アールという低収のため収益性が低い。作物の収量は生育日数の関数ともいわれるように、生育期間が六〇～八〇日程度のソバが、生育期間が一五〇～三〇〇日の米麦ほどの収量を上げることは困難である。したがって、ソバ単独で収益をあげるという視点でなく、基幹作物にソバを組み合わせて収益を高めるという考えが重要である。

基幹作物を何に求めるかは個々の生産者のアイデア、創造力によるところが大きい。国内の代表的な作付体系の事例をあげるので、これを参考にして収益の高い効果的な作付体系を考えてほしい。

(2) ソバの入った輪作体系の例

①北海道のコムギ—ソバ

北海道の畑作地帯は、コムギ、ジャガイモ、テンサイ、マメ類の輪作体系のなかで動いている。し

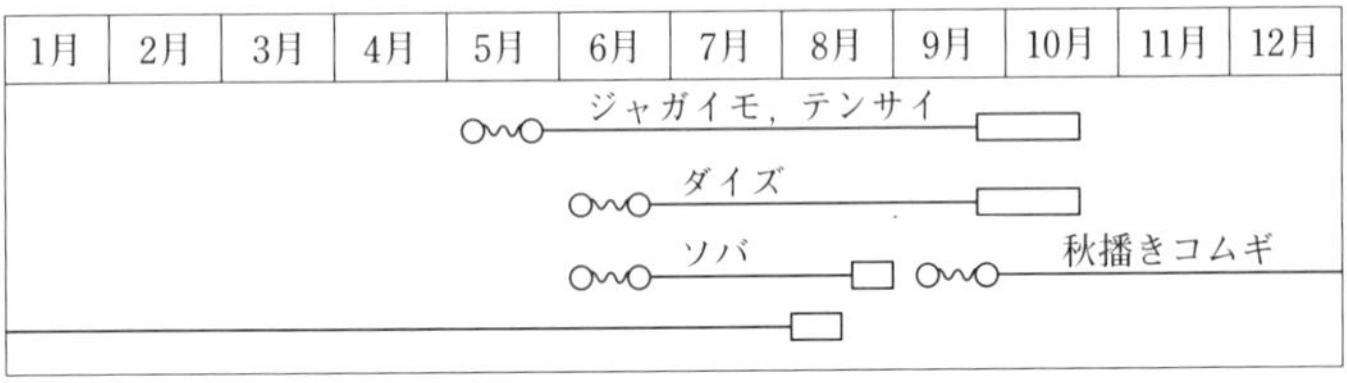

図3―8　北海道での輪作体系例

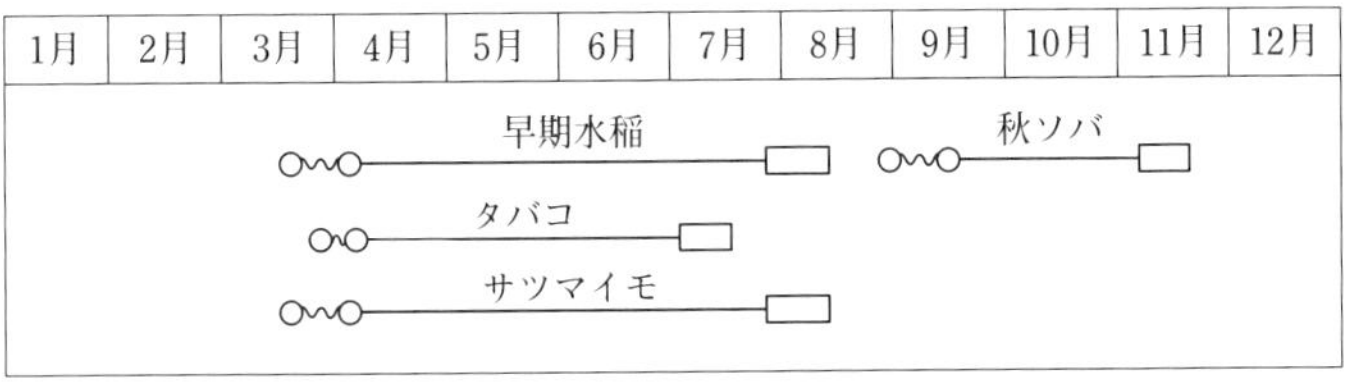

図3―9　四国・九州地域での輪作体系例

かしながら、それぞれの作付面積（平成十一年度）が一〇万ヘクタール、六万、七万、五・五万ヘクタールであり、コムギと他の夏作物の作付面積がアンバランスである。しかもコムギが秋播きであるため、夏作物からコムギへ輪作することが困難になっている。

　夏作のジャガイモ、テンサイ、マメ類からスムーズにコムギに輪作するには、コムギの前作にはいるソバが補完作物として有効である。ソバを六月上旬に播種すれば、八月中に収穫でき、コムギの播種に十分に間に合う（図3―8）。

②関東地方のコムギ—ソバ

　これまで、水田の生産調整のために国内自給率の低いコムギ・ダイズ体系が進められてきた。しかし、生育期間がおよそ一八〇日のコムギと一五〇日のダイズを組み合わせるのは、あわせて三三〇日となり、生産者にはかなりの無理がある。そこでダイズにかわって、ソバを導入する生産者が増加している。ソバの生育日数はおよそ七〇日、コムギと組み合わせても合計二五〇日で年間の圃場利用率はダイズと比較して若干低下するが、無理のない組合わせであると考えられる（図３―９）。

しかしながら、この体系ではソバ後のコムギ作での自生ソバの問題がある。自生ソバがコムギの収穫時に成熟に達し、ソバ穀粒がコムギに混入し、コムギの等級低下の要因となる。茨城県農試では、ソバ後のコムギの栽培で、ロータリー耕して条間三〇センチで播種し、コンバインの刈高さを四〇センチ程度にするとソバ穀粒の混入を抑えることを示した（図３―10）。

さらにこの体系の修正版としてコムギ―ソバ―水稲、ダイズ―コムギ―ソバ―水稲のように、ソバ後に水稲を導入すれ

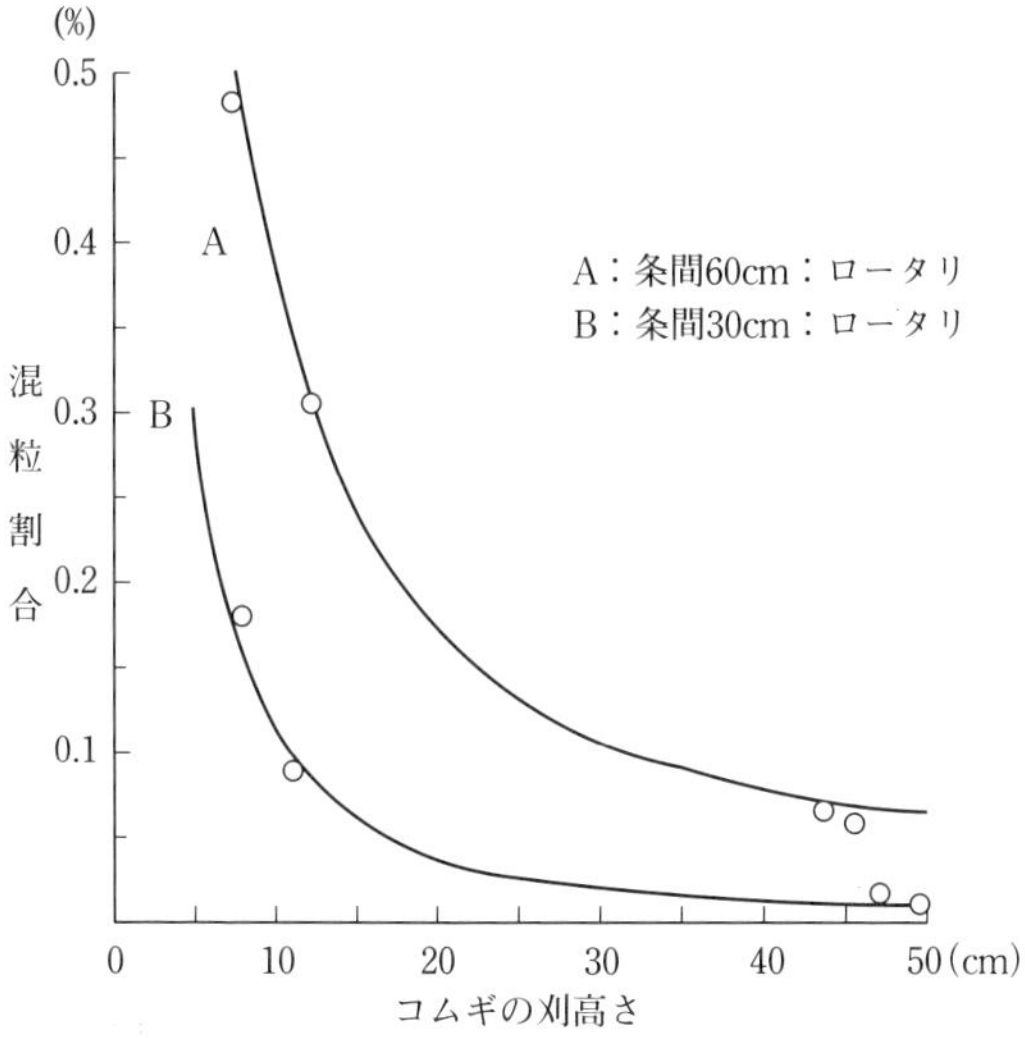

図3―10　ソバ後コムギ作における汎用コンバイン収穫におけるソバ混入割合（茨城農試，1991）

ば、自生ソバの混入被害は起きない。

③北関東、九州のタバコ―ソバ

これは、タバコの収益を基幹とし、ソバを補完作物としてとらえ、残肥を有効活用するための清浄作物として利用する体系である。九州地方でのタバコ後作のソバ作は、タバコと栽培期間が重複せずソバの収量も普通作と変わらない（図3―11）。また、ソバは無肥料で手間もかからず、雑草防止、タバコの連作障害防止にも役立っている（樫原・佐々木一九八〇）。

④南四国、九州の早期水稲―ソバ

この地域は、気温、降水量、日射量など気候資源が豊富でもともと二期作や多毛作が可能であった。しかしながら、露地・施設園芸が盛んなため冬場の労働力が逼迫し、早期水稲後地が有効利用されておらず、土地の高度利用・水田管理上のためにソバの栽培が奨励されている。

⑤転換畑に多いソバ単作

これはソバが転作作物の対象になっている地域で多く認められる。ソバの作物としての特徴として、きわだった連作障害が認められていないことがあげられる。表3―1に中信農試における、黒ボク土圃場において四年八連作にわたる試験を示したが、この試験ではソバの減収は認められなかった（林一九九五）。

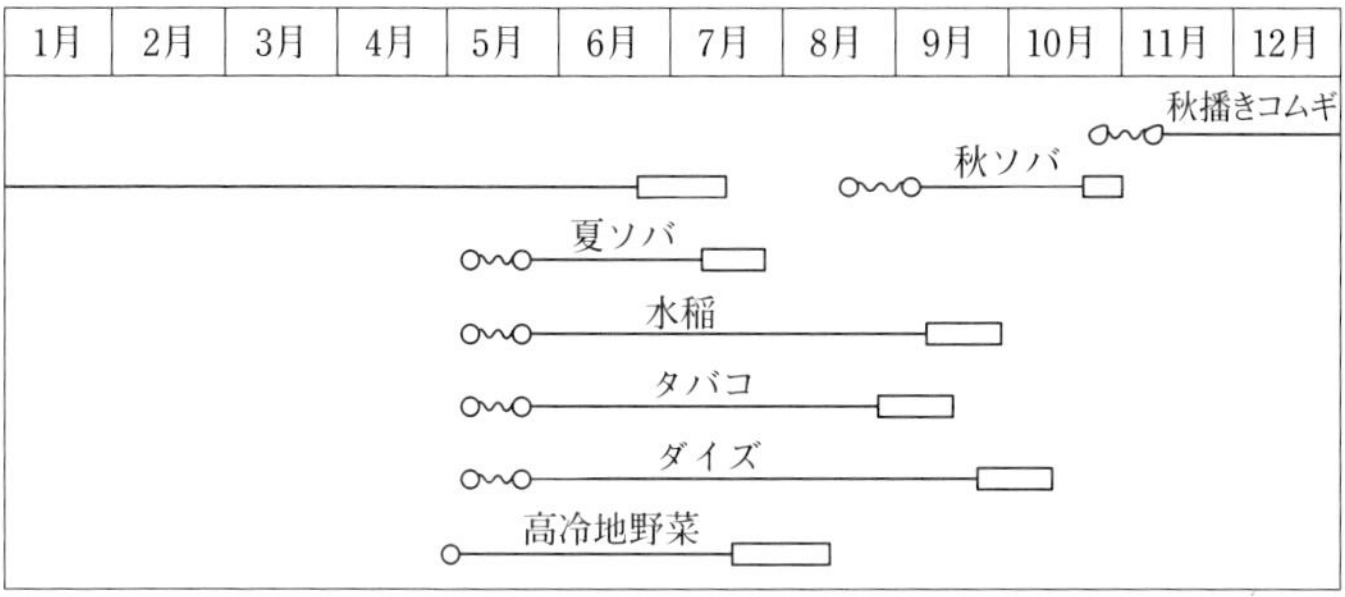

図3−11 関東・東山地域の輪作体系

表3−1 黒ボク土壌におけるソバ連作試験

（中信農試，1995）

試験区	62 年		63 年		元 年		2 年	
	春播き	夏播き	春播き	夏播き	春播き	夏播き	春播き	夏播き
8 連 作 区	24.5	16.7	12.8	10.2	11.7ab	8.8	22.9	7.9
秋ソバ4作区	−	15.9	−	10.1	−	9.6	−	10.0
6 連 作 区	−	−	9.5	8.0	7.7b	7.9	20.5	7.3
秋ソバ3作区	−	−	−	10.1	−	9.8	−	10.2
4 連 作 区	−	−	−	−	17.3a	9.0	22.7	7.1
秋ソバ2作区	−	−	−	−	−	9.2	−	8.4
2 連 作 区	−	−	−	−	−	−	25.9	8.1
1 作 区	−	−	−	−	−	−	−	11.3

注）1：同一英文字を付けた平均値間にはDuncanの多重検定の結果，5％レベルでの有意差があることを示す。

2：平成元年の春播きを除き，分散分析の結果いずれの作期も試験区間に有意差がみられなかった。

3：平成2年の夏播きは，著しい干ばつにより前作の有無が発育に影響したため，連作区と秋ソバ栽培区で別々に分散分析を実施した。

（林，1995）

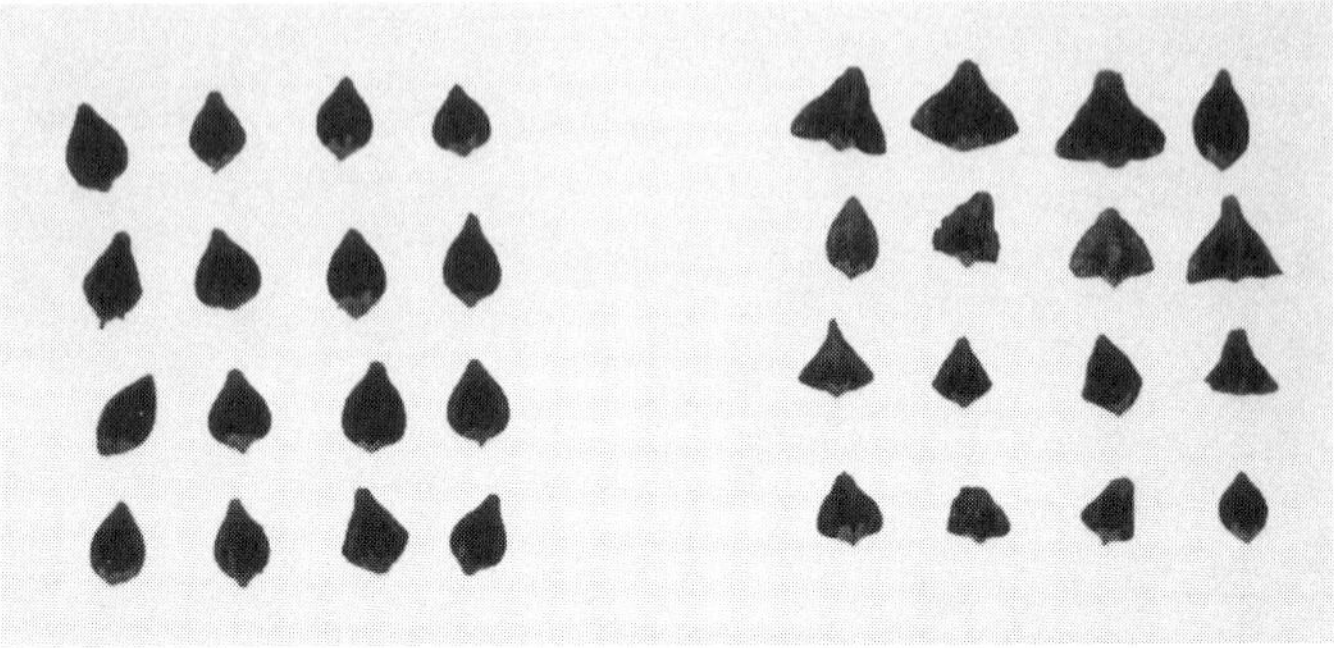

図３―12　育成品種（キタワセソバ,左）、と在来種（北海道・生田原産,右）の比較

4、品種の特性と選び方のポイント

(1)　地域に適した品種の導入

ソバは在来種が作付けされていることが多く、栽培もなおざりにされていることが多い。多収品種の導入は栽培技術をも改善し、画期的な生産増に結びつく。しかしながら、日本列島は南北に長く、地形も複雑でどこでも新品種が多収であるとは限らない。ソバの品種は適地に栽培され、初めてその能力を発揮するからである。

①在来品種と新品種

図３―12は多収品種のキタワセソバと在来種（北海道生原産）とを比較したものである。

新しく開発された新品種は粒ぞろいがよく、エラが張っていないのに対し、在来種はエラが張り非常に粒ぞろいが悪い。

表3－2　生態型別のソバ品種

生態型		品種名	適応地域と主な特性
夏 型	寒地型	キタワセソバ	北海道全域，北東北。早熟多収でコムギ前作に向く。
		キタユキ	北海道全域，北東北。ソバべと病耐性。
		牡丹そば	北海道全域，北東北。
	温暖地型	しなの夏そば	温暖地向き夏ソバ。ソバ二期作栽培に用いられる
夏型に近い中間型		階上早生	北東北。春播き夏播きの両方に用いられる。
		岩手早生	北東北。春播き夏播きの両方に用いられる。
		岩手中生	北東北。岩手早生よりやや晩生。
秋型に近い中間型		最上早生	南東北以南。信濃1号よりやや晩生。
		でわかおり	山形県中心。最上早生のコルヒチン処理により得られた大粒品種。
		常陸秋ソバ	北東北向け。香り高く，信濃1号よりやや晩生。
		信濃1号	南東北から九州まで広い地域で栽培されている。
		信州大そば	長野県中心。信濃1号より得られた4倍体品種。原品種より10日程度晩生。
秋 型		みやざきおおつぶ	宮崎在来の人為4倍体。晩生。
景観用品種（秋型）		高嶺ルビー	本州以南の地域。ネパールの在来種由来の赤花品種。極晩生。
		グレートルビー	本州以南の地域。開花・結実後の実が赤くなる景観用品種。晩生。

この粒ぞろいがわるいと製粉歩留まりがわるくなるので、ソバの製粉では重要なポイントでもある。ソバ切り生産のためのソバ栽培という視点から、本書では主に多収品種について解説する。

②品種の生態型と選び方

どの品種がどの地域に適するかを判断するためには、品種の生態型を参考にする。生態型とは、日長反応性により分類したものであり、日長反応の弱いものを夏型、日長反応の強いものを秋型とその中間型の三つに分け、さらに中間型を夏型に近い型（夏型に近い中間型）と秋型に近い型（秋型に近い中間型）の二つに分ける。合計四つに分類される。

国内の適品種として南から北へと日長反応が弱くなる品種が分布する傾向にあるが、関東から中部地域には北海道のソバとほぼ同程度の弱い日長反応性を示す夏ソバがある。ここでは、夏ソバを北海道に適する寒地型と中部地方の温暖地型とに便宜上分類する。

表3―2は生態型別にソバ品種の特性を示したものである。秋型品種を春播きすると、茎葉が過繁茂し多収は得られない。逆に夏型品種を夏播きすると、生育日数が短縮され春播きにしたときほどの収量は得られない。

(2) ソバの主な品種と特性

キタワセソバ

平成元年に北海道農業試験場で育成された、北海道の奨励品種。在来種「牡丹そば（富良野）」より個体選抜と系統選抜を繰り返し、成熟、草丈、粒大などの特性を均一にしたものである。収量性で牡丹そばの二〇%増であり、現在の北海道における主力品種である。また、広域適応性があり、北東北の県でも夏ソバとして栽培される。

キタユキ

平成三年に北海道農業試験場で育成された、北海道の奨励品種。

在来種「津別」より個体選抜と系統選抜を繰り返し、特性の斉一化をはかったものである。北海道の主要病害であるソバべと病に耐性がある。網走、十勝などの地域において収量性でキタワセソバの一〇％増であった。

牡丹そば

昭和三年に北海道農業試験場で育成された。在来種の比較試験の結果、北海道の奨励品種に採用されたものである。

階上早生

大正八年に青森県農業試験場で階上村の在来種より、選抜育成された。現在、青森県の奨励品種および山形県の優良品種である。

岩手早生

岩手県農業試験場で岩手県玉山村の在来種より選抜され、岩手県の奨励品種となった。岩手早生は短稈の中小粒種で、肥沃地向きである。春播き、夏播きの両方で栽培されるが夏播きが多い。

岩手中生

岩手県農業試験場で岩手県二戸市在来種より選抜され、岩手県の奨励品種となった。中小粒種で多収であり、夏播きされることが多い。

最上早生

昭和九～十八年まで山形県の奨励品種になったが、その後栽培面積の減少により奨励品種から外された。しかしながら、水田農業確立対策のなかで昭和六十二年に改めて優良品種となっている。

でわかおり

最上早生にコルヒチン処理をして四倍体作出を試み、その後大粒性のものを選抜してきたもの。平成九年に山形県の優良品種になった。今後の普及が期待される。

常陸秋そば

金砂郷村の在来種より選抜し、特性の均一化がはかられた。香りが強く、北関東地域で多収性の評価が高い。昭和六十年茨城県の奨励品種になった。

信濃1号

昭和二十年福島県在来種より、トウモロコシの一穂一列法に準じた選抜方法により特性の固定がはかられたものである。長野県奨励品種。

しなの夏そば

昭和五八年に長野県中信農業試験場により、木島平在来から選抜された夏型品種。粒が黒く、早熟でソバ二期作栽培では夏、秋両方に利用される。長野県奨励品種。

関東1号

農業研究センターにおいて、栃木県の在来種「益子在来」から選抜された秋型に近い中間型品種。大粒で多収。ソバ粉の白度が、常陸秋そばにくらべ高いとの評価を得ている。

関東4号

関東1号と同じく、農業研究センターにおいて育成された夏型品種。階上早生のコルヒチン処理後代に得られた大粒の二倍体品種。

信州大そば

昭和五九年信州大学により、信濃1号にコルヒチン処理して開発された、染色体が倍加した四倍体品種。千粒重が約四〇グラムの大粒品種。長野県の推奨品種。成熟が信濃1号より一〇日程度遅れるため、早期播種の必要がある。

みやざきおおつぶ

昭和五六年宮崎大学により、宮崎在来にコルヒチン処理で開発された、染色体が倍加した四倍体品種。宮崎県および鹿児島県の奨励品種。

高嶺ルビー

信州大学と(株)タカノとの共同研究で、平成七年に開発された景観用赤花品種。ネパールの赤花に由来するため秋型の強い品種である。他のソバと同様に食用にも利用できる。

国産の白花品種との交雑の可能性があるため、赤花品種と交雑した可能性があるときは種子ソバとして使用しないなどの注意が必要であろう。

グレートルビー

高嶺ルビーと同じく、信州大学と（株）タカノとの共同研究で、平成一〇年に開発された景観用品種。結実から成熟までの間、実が真っ赤になるのが特徴である。こちらも景観用品種であり、高嶺ルビーと同様な注意が必要である。

第4章　ソバ栽培の実際

1、ソバの生育と栽培のあらまし

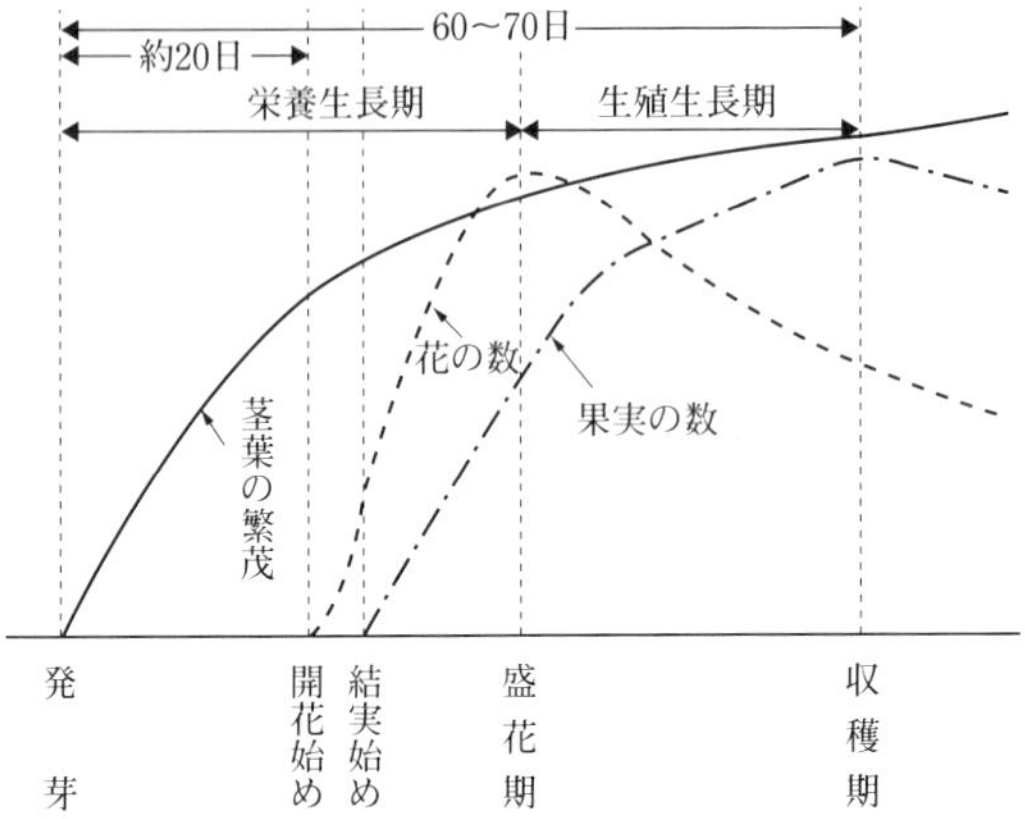

図4－1　ソバの茎葉・花・果実の生育の変化

（菅原，1974）

ソバは播種後二〇日くらいで開花が始まり、六〇～七〇日程度で成熟に達する短期作物である。そのため、気づかないうちにあれよあれよというまに生長し、成熟期を迎える。最近の機械化により、手間をかけることは本当に少なくなったが、播種、開花、成熟といったポイントは必ずおさえるようにしてほしい。

図4―2に茨城県南部地域（つくば市）での簡単な栽培歴を示した。発芽力のよい種子を用いれば、五～七日で一斉に発芽する。本葉五枚目あたりから着蕾が認められ、播種後二〇日くらいに開花期を迎える。中耕培土を行なう場合には、着蕾が認められた後開花始めまでの間に実施する。開花後は急に草

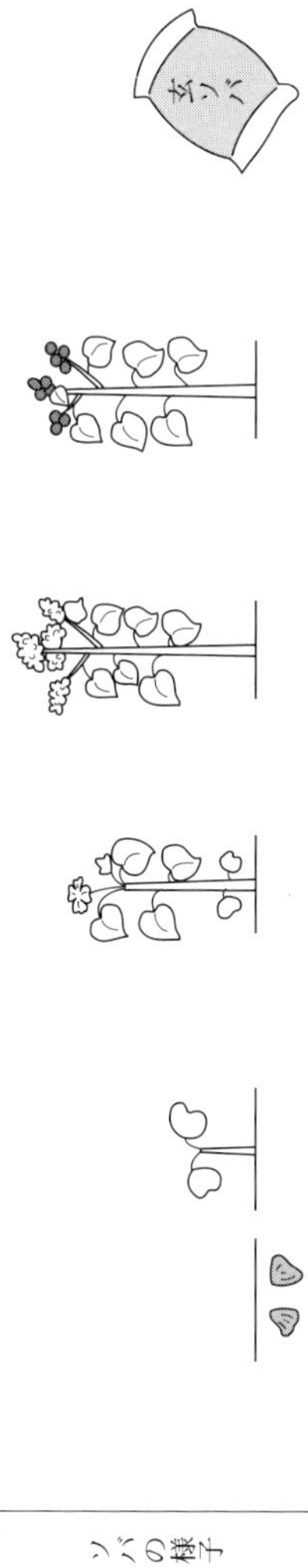

月日	生育相	作業内容（大型機械利用）
8/17~20		施肥　トラクタでのロータリー耕耘
8/21	播種	トラクタ播種
8/27	発芽	
		薬散　中耕・除草・培土
9/10	開花始	
9/12	開花期	
9/20	開花盛期	
10/20	成熟期	黒化率75%以上　コンバイン収穫
		（乾燥）平型静置式
10/30~11/7		唐箕・精選　袋詰め（45kg）

図4−2　茨城県つくば市での秋ソバの栽培歴

丈が生長するので、この時期を逃すと中耕培土はできない。地力がなく、植物体の伸長が悪くて追肥をする場合には、このときに行なう。開花始めから一〇日程度で最頂花房の花が開き、開花盛期に達する。その後、しだいに開花が衰え始め、播種後六〇～七〇日で畑がソバ子実の色のため全面に黒々となる。全体の子実の黒化率が七〇～八〇％になれば収穫である。

2、地域、栽培時期と播種期の目安

ソバは降霜に弱く、無霜期間に栽培を行なわなければならない。一般に、夏ソバは晩霜の恐れがなくなってから播種し、秋ソバは早霜の時期から生育期間を逆算し播種するようにする。図2―10に地域別の適品種および播種適期を示した。次に品種の適した地域とその播種適期について述べる。

(1) 北海道向きの品種

北海道では、一九八九年に「キタワセソバ」、一九九一年に「キタユキ」といった品種が開発・普及されている。「キタワセソバ」は六月上旬播種で八月中・下旬に収穫可能である。後作にコムギが導入可能である。「キタユキ」はソバべと病に耐性で、道東・北部の道内の厳寒地帯での導入が望まれる。

(2) 北東北地方に向く中間夏型から夏型品種

「階上早生」の播種期幅は広く、秋ソバとしてでなく春播きも可能である。しかし、草丈が低くなる七月下旬～八月上旬に播種される夏播きが多い。「岩手早生」、「岩手中生」も春播き、夏播きいずれの栽培にも適するが、七月下旬～八月上旬播種が標準である。

また、この地域に「キタワセソバ」が積極的に導入され、栽培されている。これは大規模生産者が、早播きができる性質を利用して、ソバ栽培の作期分散をはかっているためである。

(3) 南東北以南に向く中間秋型品種

南東北地方に適する「最上早生」は八月上旬が播種適期であり「信濃1号」よりやや晩生である。また、山形県では続いて「山形そば4号」が育成され、普及に移された。「常陸秋そば」は北関東地方に適し、播種適期は八月中下旬で十月下旬～十一月上旬に収穫され、コムギとの二毛作にも利用されている。

「信濃1号」は南東北から九州内陸にかけての広い地域に適し、播種適期は八月上旬である。「信州大そば」は四倍体品種であり、「信濃1号」より成熟期が一週間ほど遅いため、「信濃1号」より一〇～二〇日程度早めに播種する必要がある。

(4) 関東、中部地方向き温暖地型夏ソバ品種

「しなの夏そば」はこの地域での代表的な夏ソバであり、ソバ二期作栽培では夏秋栽培の両方に用いられている。夏ソバとしての播種適期は五月中旬。夏ソバの生育期間は梅雨が明けるまでの比較的涼しい時期であり、梅雨明け後は暑さのためにソバの生長は期待できないので、梅雨明けには収穫することが望ましい。また、この品種は夏播き（秋ソバ）として播くと、収量は劣るが五〇日程度で成熟に達する。

(5) 南四国から南九州に適する日長反応の強い品種

四倍体品種「みやざきおおつぶ」が初霜の遅いこの地域に適する。播種適期は八月下旬～九月上旬である。この地域では、新品種はまだ開発されておらず、生産者団体が維持している「在来種」が多い。

なお、四倍体品種の国内流通は南九州の「みやざきおおつぶ」のみで、製粉機械の調整が必要であり、また製粉歩留まりが二倍体品種より低いという欠点がある。

（東北農試，1988）

36日目の雑草量	
イネ科	非イネ科
(g/m²)	(g/m²)
（昭和54年度）	
17.3	5.1
7.4	3.9
3.3	1.0
（昭和55年度）	
22.0	47.9
15.5	24.4
15.4	21.5

表4—1　地下水位とソバの出芽・生育・収量

品種	地下水位	出芽率	播種21日後の生育			成熟期の生育・収量			
			茎長	葉数	茎葉乾物重	茎長	葉数	茎葉量	子実種
	(cm)	(%)	(cm)	(枚)	(g/本)	(cm)	(枚)	(g/m^2)	(g/m^2)
階上早生	5	83.5	30.3	3.5	0.17	66.3	5.7	55.0	60.0
	15	90.9	43.1	4.3	0.35	84.3	6.7	160.0	205.0
	25	93.2	40.5	4.3	0.36	83.0	6.6	168.0	209.5
	35	96.5	38.2	3.8	0.33	82.3	6.6	179.5	216.0
岩手在来	5	75.1	39.5	4.0	0.22	62.3	5.6	45.0	36.0
	15	94.9	45.1	4.3	0.30	77.1	6.2	137.5	120.0
	25	96.3	43.2	4.3	0.33	76.6	6.2	143.5	132.0
	35	97.0	42.2	4.3	0.30	76.0	6.2	192.5	184.0

3、栽培管理

栽培にあたって注意する要点は、適品種の選択と優良種子の適期播種である。次に倒伏を避けることである。倒伏すると分枝が過剰発生し、栄養が分枝の生長に供給されるので、花が咲き続いて粒が実らず低収となる。倒伏させないように施肥量などを決定する必要がある。

(1)　圃場の選定

①排水のよいことが第一条件

畑作物は全般に水に弱い。元来ソバは傾斜地の焼き畑、畑作地帯で栽培されてきたものなので、湿潤状態の圃場での栽培は大変難しい。しかし、近年は水田の生産調整のため水田作ソバが生産の主流である。表4—1に示すように、地下水位一〇センチ以上で生育は極端に悪くなる。大雨後圃場に滞水すると、しなやかなソバは病気にかかり萎れ枯死してしまう。転換畑での栽培には、水はけのよい圃場を選択することがまず重要である。やむをえない場合も、排水対策の徹底なくして有利なソバ栽培はできない。転作の団地化を行ない、一筆だけでなく、面的な排水対策を行なうと効果的である。圃場周囲、圃場内に排水溝を掘り、畦畔にもいくつも排水口をつくるなどの排水処理を行ない、圃場には滞水させないことである。さらに、高畦栽培が奨励されている地域もある。

なお、転換畑でも重粘土壌の圃場はソバにはできるだけ避けたいが、近年モミガラを充填しながら心土破砕を行ない本暗渠の通水性を高める「重粘土土層改良機」の排水効果が高いことが実証されている。

②種子生産圃場の条件

ソバは他家受粉の植物なので、種子更新しないで数年間つくり続けると、品種特性の劣化が避けられない。種子用のソバ種子を得るために、隔離採種により維持することが望ましい。隔離採種をするための圃場は、山の尾根、沢、川、林地などの地形により媒介昆虫の飛来、風による花粉の飛散が遮断できる場

（北海道農試，1980）

l重(g)	千粒重(g)	製粉歩合(%)
489	27.5	51.6
496	26.7	52.7
477	25.8	51.7
475	25.8	53.7
481	26.2	56.7
477	25.3	55.5
477	26.7	55.5
480	26.2	54.3
475	24.6	53.7
469	25.1	54.0
476	25.4	52.1
475	24.0	54.1
467	24.5	53.4
474	24.9	53.4
474	25.2	56.1

表4－2　ソバの施肥試験

施肥量(kg/a)	発芽期(月・日)	発芽率(％)	草丈(cm)	分枝数(本)	花房数(個)	倒伏	全　重(kg)	子実重(kg)
無窒素	6.29	100	110	3.1	9.9	無	50.0	2.8
窒素0.2	6.29	100	115	3.0	8.4	微	60.6	2.4
〃　0.4	6.29	100	122	3.4	11.9	中	66.9	2.5
〃　0.6	6.28	100	117	2.8	10.1	中	74.9	2.6
〃　0.8	6.28	100	114	3.2	12.6	多	75.7	2.4
無リン酸	6.29	95	122	3.7	18.2	中	67.3	2.3
リン酸0.2	6.29	97	124	4.0	11.6	中	66.8	2.3
〃　0.4	6.29	96	131	3.3	15.0	中	64.3	2.2
〃　0.6	6.29	100	124	4.1	15.9	中	66.9	2.2
〃　0.8	6.29	100	122	4.3	13.8	中	71.1	2.3
無カリ	6.29	99	123	4.2	13.3	中	62.8	2.1
カリ　0.2	6.29	100	120	3.6	14.6	中	63.5	2.3
〃　0.4	6.29	98	116	4.4	17.3	中	63.1	2.4
〃　0.6	6.29	95	115	4.0	11.4	少	64.4	2.6
〃　0.8	6.29	95	121	3.5	12.4	中	61.4	2.2

品種：牡丹そば，6月20日播種

所が望ましい。現在は、媒介昆虫の飛来距離を考えて、隣接ソバ圃場から二キロ以上離れた場所に設けるよう指導されている。

(2)　施肥

①窒素はひかえめ、前作によっては無肥料で

ソバは吸肥力が強く、焼き畑農業では最初に栽培される作物であったり、痩せ地に栽培されてきた作物である。したがって、過剰な養分の施用はソバの茎葉の繁茂を促し、倒伏させてしまうだけである。これまでソバを栽培してきた生産者のなかには、経験的にソバは無肥料でよいと

いう者もいる。しかし、ソバは、基本的に輪作体系の中に入る補完作物という位置づけなので、前作の施肥量が影響し、きめ細かな施肥管理が必要なのである。

また、ソバはpH五～六・五くらいの弱い酸性土壌を好むので、開墾地や水田転作圃場で強酸性土壌の場合には、反当たり三〇～六〇キロの炭カルを施用し酸度調整を行なう。

表4―2に窒素、リン酸、カリの施肥試験を行なった結果を示した。窒素は一〇アール当たり〇～二キロ、リン酸五～七キロ、カリ四～六キロ程度でよい。とくに窒素分の過剰施肥は、旺盛な生長を促すだけで、倒伏し、多収には結びつかない。したがって、前作に野菜、タバコ、コムギなど窒素を大量に投与する作物の後作では、その余剰養分が圃場に残っているため無肥料で栽培する事例もある。

リン酸は開花時の蜜の分泌を促し、またカリは結実を増加させる効果がある。

②基本は元肥全量施用

ソバの施肥としては、基本的に元肥一回でよい。なお、農水省農業研究センターではムギの緑肥栽培の後作ソバでは、化成肥料（窒素：リン酸：カリ＝三：一〇：一〇）を一〇アール当たり六・七キロ全面散布し、ロータリー耕で撹拌・整地して播種をし、追肥はやっていない。しかしながら、土壌・気象条件などにより生長量が不足するようなときには、追肥をする場合もある。施肥方法としては、中耕・培土の前に、窒素とリン酸をそれぞれ二キロ／一〇アール施用する。

(3)　一五センチ程度の耕耘で十分

施肥をした後は耕耘である。プラウで耕起することが望ましいが、ロータリー耕による撹拌、整地で十分である。砕土は雑草対策および発芽の斉一化のために重要であり、ていねいに行なう。ソバは生育期間も短く根張りも浅く、一五センチの深度の耕耘・整地で十分である。

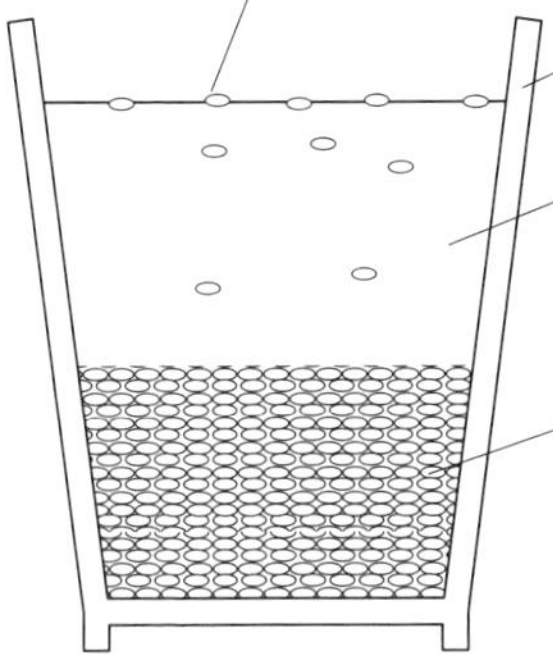

図4－3　塩水選のやり方
（菅原，1974）

(4)　播種

購入種子は粒ぞろいもよく、一粒一粒充実し、発芽率も高いものが多い。しかし、自家採種などの場合には注意が必要である。ソバの実は一斉に熟すのでなく、開花期間で早く咲いたものから、成熟に至る。そのため、得られたソバ種子の大きさ、熟度はまちまちで粒ぞろいはよくない。優良農家の栽培事例をみると、三年に一度は種子を購入し更新している例が多い。

①粒ぞろい、成熟ぞろいのよい充実した種子を選ぶ

唐箕風選により充実した種子を播種用に選ぶ。収穫した

ソバの種子は粒ぞろい、成熟のそろいが悪い。このようなそろいの悪い種子を播種すると、発芽した植物体のそろいも悪くなる。さらに成熟に至る生長速度、生育期間もそろわない。つまりソバの集団全体のそろいが悪くなり、開花・成熟のそろいも悪くなる。そして、収穫適期を見逃し、成熟種子の脱粒などのロスを増やしてしまう結果になる。

唐箕風選より有効なのは、塩水選である（図4—3）。一〇％食塩水の入ったバケツにソバの種子を入れ、浮いたシイナやゴミをすくう。粒がそろった大粒の種子を使うだけで、四％の増収が確実である。

②古い種子は使わない

古い種子は発芽率が低下するので、前年収穫の種子を用いるのが望ましい。収穫後低温貯蔵していない場合でも、翌年は九〇％以上の発芽率を維持しているが、

量試験　（北海道農試，1979）

全重 (kg)	子実重 (kg)	*l* 重 (g)	千粒重 (g)	製粉歩合 (%)
59.5	11.3	495	22.8	57.6
76.2	12.2	510	22.8	56.8
79.8	12.3	513	22.6	56.6
79.2	12.6	517	22.4	56.3
78.3	12.5	520	22.6	56.8
78.0	12.6	513	22.3	56.7
73.1	12.0	517	22.4	56.6
79.3	12.6	518	22.9	55.6
85.7	13.1	518	22.7	55.9
85.0	13.3	528	22.8	56.4
86.7	13.3	517	22.1	56.4
79.7	13.3	529	22.7	56.6
68.5	11.5	505	22.4	56.5
78.3	12.2	516	23.0	57.4
74.1	12.2	513	22.6	58.1
73.6	12.4	517	22.5	57.6
75.0	12.5	514	22.7	57.0
91.1	13.1	494	22.1	56.3

表4−3　ソバの栽植および播種

様　式	播種量(kg)	発芽期(月・日)	発芽率(%)	草　丈(cm)	分枝数(本)	花房数(個)	倒　伏
条　播	0.3	6.26	85.9	131	5.8	19.6	小
	0.4	6.26	89.6	127	5.7	17.1	中
	0.5	6.26	88.3	119	5.6	16.3	〃
	0.6	6.26	87.0	117	5.6	15.8	〃
	0.7	6.26	79.6	127	4.9	14.1	〃
	0.8	6.26	88.7	123	5.9	14.2	〃
密条播	0.3	6.26	85.7	122	3.8	12.0	〃
	0.4	6.26	82.7	119	3.6	11.6	〃
	0.5	6.26	90.0	116	3.2	11.1	〃
	0.6	6.26	93.3	114	3.2	11.5	やや中
	0.7	6.26	83.3	114	3.7	10.4	〃
	0.8	6.26	95.0	111	3.5	10.2	〃
散　播	0.3	6.26	86.1	126	5.6	19.2	多
	0.4	6.26	79.0	118	4.1	13.6	中
	0.5	6.26	79.0	119	3.8	13.3	〃
	0.6	6.26	76.7	120	4.0	12.0	〃
	0.7	6.26	76.0	122	3.7	11.7	〃
	0.8	6.26	78.0	119	3.2	9.7	〃

二年目には極端に発芽率が低下し、一〇～二〇％程度になってしまう。また、収穫後に高温多湿の部屋で貯蔵した場合にも発芽率は低下する。

発芽率に不安のあるときは、簡単な発芽試験をしてみるとよい。皿にティッシュペーパーをしいて、水で湿らせ、種子を二〇～三〇粒置く。ティッシュペーパーが乾かないよう、水を加えながら数日観察し、発芽した種子数÷全種子数×一〇〇で発芽率を算出する。

発芽率九〇%以上であれば問題はない。

③播種量と播種方法

播種の適量は、二倍体品種で反当たり四~五キロ、四倍体品種で六~七キロである。極端な疎植は分枝の発生を促し、倒伏の原因になる。また、畦間に日光が入ると雑草の発生・生長を促し、除草の手間が増え、栽培管理が容易でない。逆に密植の場合は、ソバの茎葉が徒長する傾向になり、これもまた倒伏・低収の要因となる。反当たり播種量を目安に、次のそれぞれの方法で播種をする。

散播 ブロードキャスタで均一に播種をし、ロータリーやハローで軽く混和・覆土を行なう。全面散播の場合には、播種量を多めに八キロ/一〇アール程度とする。多すぎると徒長し、倒伏の危険性がある。機械作業なので、大面積の栽培には有効である。

ドリル播、条播 ドリル播きの場合には二五~三五センチの畦幅であり、散播に比べて、播種作業の工程が少なく省力的である。ドリル播は一部密植になり、徒長・倒伏の危険性があるため播種深度を三~四センチとやや深くする。

条播の場合には三〇~六〇センチのウネ幅および五~一〇センチの播幅で播種される場合が多い。また、バインダ収穫の場合には条播にする。中耕のときに軽く培土を行なうと、倒伏予防となる。

点播 点播の利点は、発芽がよいことである。ウネ間六〇~七〇センチ、株間一〇~一五センチで五、六粒の種子を点播することが多い。中山間の古くからのソバ栽培地帯では、今もこの方法で行な

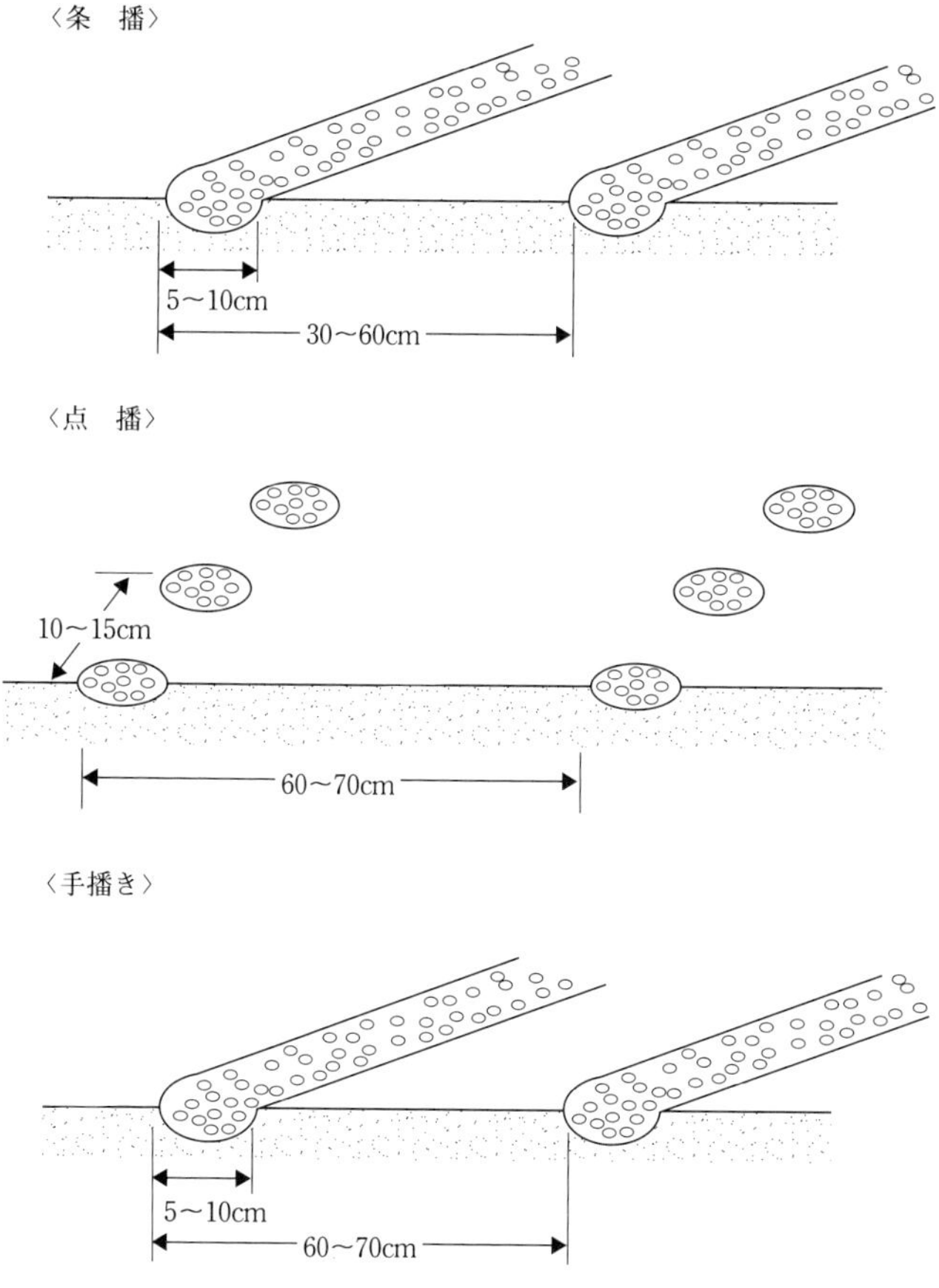
〈条　播〉
5～10cm
30～60cm
〈点　播〉
10～15cm
60～70cm
〈手播き〉
5～10cm
60～70cm

図4－4　播種方法

われている。

手播き　機械化大規模栽培とは逆に、ソバ好きが高じてソバ栽培を始める人も多い。作物の栽培は初めてという場合には手で種播きをするのがよい。手播きの場合には、圃場管理の点から、六〇センチの畦幅の条播をすすめたい。整地された圃場でメジャーで圃場の両側に六〇センチ間隔の目印を付ける。補助ロープを用いて、六〇センチごとに鍬で五〜一〇センチの条をつけ、各条に計量したソバ種子を均等に手で播き、覆土する。

(4)　栽培期間中の管理

①中耕培土と除草

ソバは、生育初期の生長が旺盛で、アレロパシーにより雑草の発芽・生長を抑制する。したがって、散播あるいは三〇センチの狭畦幅の場合には中耕除草をすることはない。しかし、疎植・広畦幅の場合には、畦間に日光が入り雑草が発生する。とくに六〇センチ程度の畦間がある場合には、開花前つまり播種後二〇〜三〇日を目安に、中耕培土する必要がある。

中耕により、ソバ発芽後発生した雑草は撹拌され枯死する。同時にソバを培土することにより、地ぎわがしっかりし、倒伏防止になる。一回の中耕培土で後は必要ない。

②無農薬に多い病害と防除

ソバは病害虫が少ないといわれるが、実際に栽培すると病害虫の被害はよく認められる。しかしながら、ソバは自然食というイメージがあり、またソバによる粗収益と薬散のコストを考えると散布しない場合が多い。ソバには登録された殺虫剤・殺菌剤はなく、ここでは耕種的な防除法のほかに、薬剤については効果のある薬剤名をあげるのみとし、実際には生産コストを考え、散布するかどうかを判断してほしい。

図4－5　生えそろったソバ（写真　原田）

茎疫病　湿畑状態で発芽すると発生し、茎がしおれ腐って消えてしまう。発芽時の天候が長雨の時も同様な現象が起こる。ソバは、非常に水に弱い作物であり、転換畑などで一晩滞水すると、本病が発生して倒伏・枯死する場合が多い。湿畑圃場では暗渠を施し、滞水させないよう工夫する。

ソバべと病　ソバべと病は北海道での発生が報告されている。とくに生育初期に感染発生すると、伸長が止まり、葉がしおれ、落葉し、結果的には通常の三〇～五〇％の低収となる。種子感染の報告があるので、無病畑からの種子を使うことが望ましい。本病に対しては耐性品種（キタユキ）を使うこと、もしくはリドミルMZ水和剤一〇〇〇倍液の散布を行なうことで防除できる。

ソバうどんこ病　うどんこ病は、ソバの葉がうどん粉をまぶしたように白く覆われる病気である。ソバべと病とは異なり、本州以南での発生の報告が多い。とくに秋ソバの生育後期に発生する。収穫直前の発生が多いので、薬剤散布による防除例は少ない。

図４－６　開花期の生育の様子（写真　小林）

③一晩で丸坊主も、害虫対策は観察が重要

虫害についても病害と同様に薬散のコストを考慮に入れながら、対処する必要がある。しかしながら、発生状況によっては一晩で食い尽くされ丸坊主になることがあるので、注意深く観察することが重要である。

ヨトウムシ、アワヨトウ　秋ソバの播種は七～八月の東北から始まり、順に南下していく。ちょうど、ハクサイ・キャベツなどの野菜の播種と同時期で、共通した害虫が発生する。とくにヨトウムシ、アワヨトウは、集団発生することがあるので、放っておくと被害が甚大になることがある。ソバの生育期間は短いだけにこまめな管理が要求される。

これらの害虫に対する薬剤としては、幼齢期であれば低毒性のカーバメート系殺虫剤のランネート水和剤、同じく低毒性の有機リン系殺虫剤のディプテレックス、DDVP乳剤の一〇〇〇倍液が効果的であるが、これらの薬剤も害虫の発育が進んだ場合には効果がないので注意してほしい。また、開花期間中の薬剤散布は、訪花昆虫の飛来の妨げになるので好ましくない。

アブラムシ　とくに夏ソバの開花期、秋ソバの生育期の気温が高いときに茎の上位節に密集して発生する。開花中の薬散は訪花昆虫への影響が大であり好ましくないが、果樹のアブラムシ専用薬剤は訪花昆虫に影響はなく、ピリマー水和剤一〇〇〇倍液の散布が有効である。

④頭がいたい鳥害対策

鳥害については、今のところ効果的な防除法はない。とくに夏ソバの場合、結実期に他の穀物の結実がないため、一斉被害を受けることが多い。秋ソバの場合には、水稲など他の作物の成熟期と重複もしくはその後であるため、被害は比較的少ない。現在のところ鳥害防除策としては、作付面積を拡大して、被害率を低下させるぐらいしかない。

農業試験場などの試験研究機関では防鳥網を張って、野鳥の圃場への侵入を防いでいるが、防鳥網で大規模な圃場を覆うことは現実的でない。自家用栽培もしくはソバの観察など実験的な比較的狭い

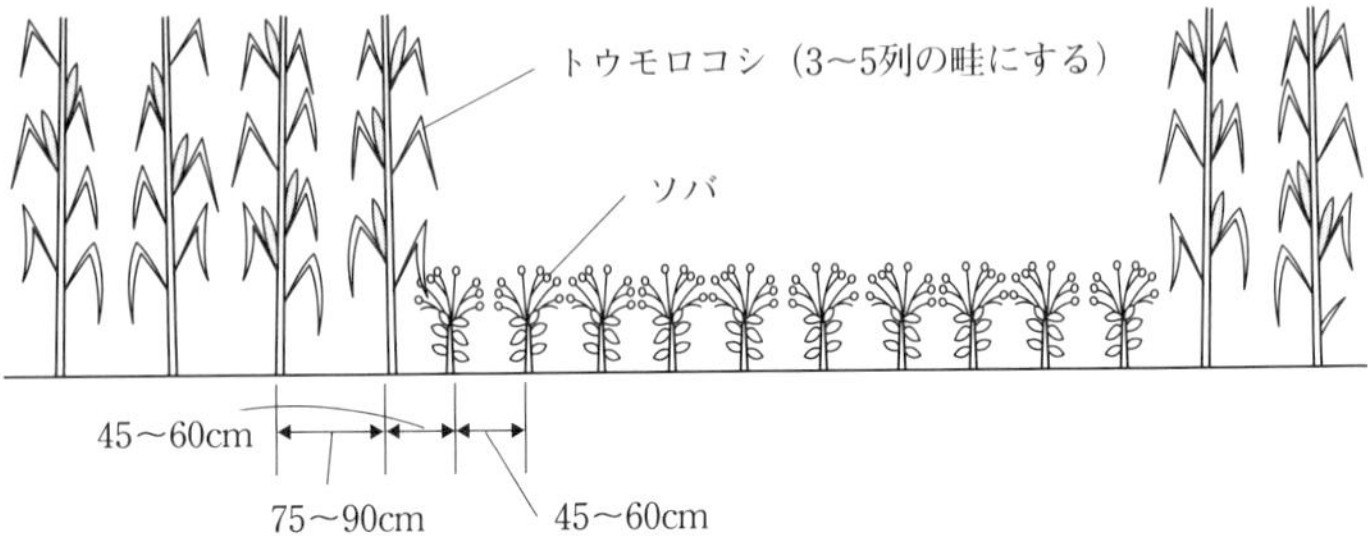

図4−7　トウモロコシと交互に植える

『ソバのつくり方』菅原金次郎より

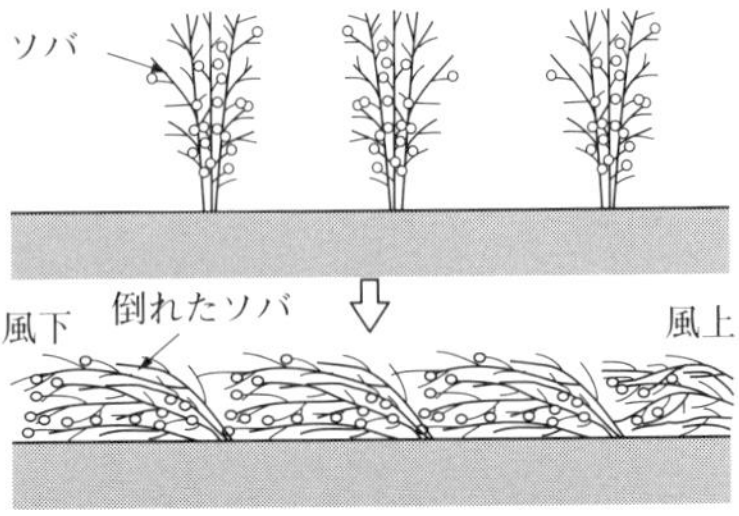

図4−8　ソバの倒し方

『ソバのつくり方』菅原金次郎より

圃場では、簡単に網を張ることができる。ここでは、参考のため被害を受ける鳥類をあげてみる。

コカワラヒワ　西南暖地では留鳥であるが、東北・北海道では夏場に飛来する渡り鳥である。集団で行動し、圃場へ飛来するため、被害は甚大である。飛ぶときに風切りバネのヒワ色（黄緑）が見えるのが特徴である。

キジ　キジは本州以南に生息する鳥である。近年は日本原産のニホンキジは減少し、朝鮮半島原産のコウライキジが主である。とくに山間部でのソバ栽培では被害を受けるので要注意。

スズメ　上記二種に比べると被害はさほどでないが、夏ソバにおける食害は大きい。

⑤風害対策

ソバの茎は、しなやかで曲がりやすい。倒伏すると分枝の発生が旺盛になり、養分競合のため減収となる。そのため、防風林のそばに栽培したり、圃場の周りにトウモロコシを栽培し風をよける（図4―7）。しかしながら、台風のような大風の場合には、上記のような方法では防ぎようがない。とくに、収穫間近に台風害を受けた場合には、ソバ子実が圃場一面に脱粒し、収穫が皆無になることがある。

台風による脱粒被害を防ぐために、台風襲来前に成熟する早生品種の作付けが望ましい。また、収穫目前に台風害が予想される場合には、あらかじめ棒などでソバを倒して被害を防ぐこともある（図4―8）。この方法では、刈取り時にやや労力を要するが、大風のままに脱粒をさせておくよりも極めて効果的である。

4、収穫

国内メーカーが、中規模栽培用のコンバインを開発し、ソバの収穫事情も変わってきた。しかしながら、ソバは自然食ということで、手刈りを今なお続けている生産者もいる。ここでは、生産地で主力である機械収穫とともに、手刈り収穫についても説明する。

図４－９　ソバの結実

（写真　宇佐見）

図４－10　収穫期のソバの生育

（写真　宇佐見）

（1）手刈り収穫と収穫適期

ソバの開花期間は二〇～三〇日程度あり、改良品種では成熟の斉一性が改善されているとはいえ一

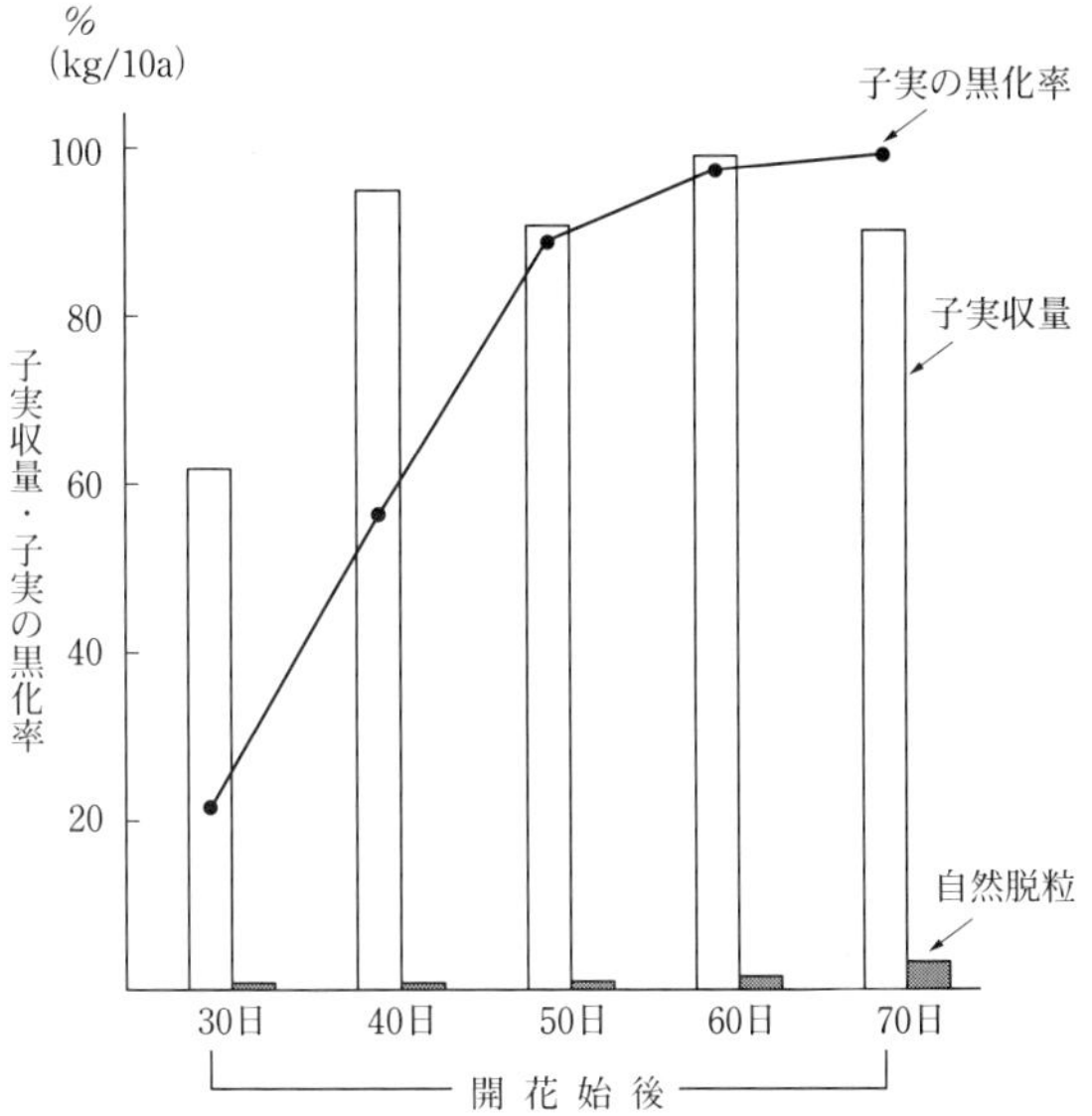

図4－11　ソバ子実収量と黒化率との関係

（十勝農試，1983）

株内での成熟ぞろいは他の主要穀類と比較すると十分でない。子実の黒化率（全体の子実のうちの黒粒化した子実の割合）をよく観察し、収穫適期を逃さないようにすることが重要である。図4―11は、十勝農業試験場で行なわれた試験結果であるが、黒化率七〇～八〇％の時が収穫適期である。

刈取り時の脱粒を防ぐために、早朝の露のあるうち、または夕方か曇天の湿度の高い日に行なう。刈取りには、草刈り用の鎌を用いる。利き手に鎌を持ち、反対の手で握れる程度の茎をつかんで、刈り取る。ソバの茎はしなやかで簡単に切れるので、勢いあまって自らを切りつけてしまうことがあるので注意する。また、根張りが弱く抜けやすいので、土の付いた根が混入しないようにする。土が混じると、ソバ種子と同じくらいの大きさの土粒が残り、精選するときに面倒になる。

刈り取ったソバは、後熟をさせるために島立てを行なう。島立ては、一〇束をひとまとめにして、根元を下にして寄り添うようにたてる（図4―15、88ページ参照）。なお、九束を立てて、残りの一束を帽子をかぶせるようにかける方法も行なわれている。七～一〇日ほど圃場で乾燥させる。

(2) 小型機械による刈取り

手刈り収穫の場合には、ソバの総作業時間のうち五〇％以上を占めていた。コンバインのような大型機械は高価なので、規模が小さい場合は、ダイズ用の歩行型一条用ビーンハーベスタ、もしくは水稲用バインダのような小型収穫機が使用できる。図4―12はよく使われる水稲用バインダである。

歩行型一条用ビーンハーベスタの構造は、ソバを一対の突起付きベルトによって挟み込み、同時に回転刃により刈り取る。刈り取られたソバがベルトにより集束部に搬送され、一

作業精度

（十勝農試，1983）（1.32×1.0m当）

刈　残 (g)	総 損 失 (g)	刈　高 (cm)
3.1 (1.52)	11.4 (5.59)	15
2.1 (1.03)	11.0 (5.39)	18
3.0 (1.47)	13.8 (6.77)	22

23.5％　　　　　　　　（　）内％

定量ごとに放出される。

バインダなどを利用するには、条播である必要があり、表4―4にバインダでの刈取り作業精度を示した。総損失は五・三九～六・七七％であり若干高めであったが、なれれば適期収穫が可能となり、損失も三％以下に抑えられると考えられる。さらに、作業速度も一・四～一・九メートル／秒となり、手刈りにくらべ作業能率のアップがはかれる。なお、水稲用バインダは搬送部で

図4―12 一般に使われる水稲用バインダ

表4―4 バインダによる刈取り

エンジン (rpm)	ギヤ位置	速 度 (m/s)	刈取り損失 (g)	結束損失 (g)
1,000	4	1.4	5.9 (2.89)	2.4 (1.18)
1,000	4	1.7	6.1 (2.99)	2.8 (1.37)
1,000	5	1.9	7.4 (3.63)	3.4 (1.67)

草丈 132.4cm, 子実水分 17.6%, 子実収量 154.5kg/10a, 茎水分

の詰まりや結束時の損失が多い点が問題である。

また、刈払い機を用いることもあるが、刈取り後の処理に時間がかかる難点がある。

(3) コンバインによる収穫

最近普及しているのが刈幅二〜三メートルのダイズ・ソバ専用コンバインである（図4—13）。国内の小区画圃場に適し、収穫作業の大幅な効率化がはかれる。そのほか、大規模栽培の汎用コンバインがある（図4—14）。表4—5に鹿児島農試におけるソバ収穫の作業能率を示した。刈取り時の茎葉・水分が多いと損失が多くなるだけでなく、目詰まりが起こり作業効率も悪くなる。穀粒水分二〇％以下を目安にしたり、霜にあてて茎葉を落とすと作業も効率的になる。コンバイン収穫の注意点をまとめると次のようになる。

①適期収穫。穀粒の黒化率が七五％以上であり、十分に水分が下がったソバを収穫する必要がある。霜にあて、落葉させて収穫することもあるが、夏ソバや霜の遅い地域の場合には、天候、熟度をみて収穫する。

②収穫開始後一〇メートル程度刈り進んだときに、穀粒損失、目詰り、各部調整のチェックを行なう。

③収穫物ロスを防ぐために、倒伏しにくい品種を選択し、栽培することが必要である。

④汎用コンバインを使用するときにはソバ用の受け網を必ず用い、こぎ胴内で揉みすぎないようにす

る。

⑤収穫したソバの水分が高い場合にはムレやすいため、速やかに仕上げ乾燥を実施する。

図4－13　ダイズ・ソバ専用コンバインによる収穫

図4－14　汎用コンバインによる収穫作業

（鹿児島農試）

ダイズ・ソバコンバイン	
K式 DC−1	Y式 CS−21
60cmドリル播	全面散播
69.1	38.9
38.0	4.9
180.2	150.3
	701.5
17.6	20.7
66.3	82.3
30	30
1.2	1.4
15.6	
2.7	2.2
68.6	64.2
57.2	48.3
11.4	11.4
	4.5
26.2	28.0
3.8	3.6
79.9	94.9
2.9	3.3
855.0	2,183.5
335.8	545.0
51.8	16.9
467.3	1,621.6
2.4	1.3
2.1	1.2
0.3	0.1
0.0	0.0
89.1	95.7
0.8	0.5
0.5	0.1
1.7	0.7
7.9	3.0

5、乾燥・調製・貯蔵

自然食であるソバは自然乾燥がよいとされてきた。しかしながら、自然乾燥では屋外で乾燥するので、降雨によりムレ、色落ちすることがあるなど、必ずしも高品質化につながらない。また、米麦で一般的な火力による高温乾燥では、甘皮にあるクロロフィルが破壊され、風味が損なわれる。このような状況下で効率的な乾燥法のために乾燥・調製の研究が精力的に進められ、高品質ソバのための乾燥条件が整備されてきた。ここでは、自然乾燥とコンバイン収穫後の動力乾燥法について述べる。

表4−5 コンバイン収穫による作業能率

項目 ＼ 機種別			単位	汎用コンバイン I式 HG−750	汎用コンバイン K式 AX85	汎用コンバイン Y式 CA−600
作物条件	作付け様式		cm	全面散播	60cmドリル播	60cmドリル播
	見かけ高さ		cm	72.0	92.0	58.4
	最下位着莢高さ		cm	45.9	41.1	48.9
	子実重		kg/10a	256.3	288.0	132.5
	茎葉重		kg/10a		560.6	
	水分	穀粒	%	19.8	19.8	30.0
		茎葉	%	79.3	66.8	77.9
作業条件	供試面積		a	30	30	30
	刈取り幅		m	2.1	1.8	1.8
	刈取り高さ		cm	18.2	8.5	23.5
	作業速度		km/h	4.8	4.4	5.0
作業時間	全時間		min	36.3	27.1	36.0
	実作業		min	25.4	15.6	22.6
	旋回		min	5.3	4.1	5.4
	排出		min	5.6	7.4	8.0
圃場作業量			a/h	49.5	65.9	50.6
ha当たり作業時間			h	2.0	1.5	1.8
圃場作業効率			%	57.7	83.2	55.6
燃料消費量			l/h	8.0	8.6	6.1
流量	全流量		kg	2,095.2	7,280.9	1,906.5
	穀粒流量		kg	987.9	2,700.0	719.8
	茎葉流量		kg	55.7	18.3	42.9
	茎葉排塵口流量		kg	1,051.6	4,562.6	1,143.8
穀粒損失	全穀粒損失		%	4.1	1.6	3.7
	ヘッドロス		%	2.8	1.5	1.2
	排塵口損失		%	1.3	0.1	2.5
	刈取り損失		%	0.0	0.0	0.0
選別性能	完全粒		%	94.6	92.3	82.8
	枝付き粒		%	4.5	4.6	0.0
	損傷粒		%	0	0.0	0.0
	屑粒		%	0.6	2.6	0.0
	夾雑物		%	0.3	0.5	17.2

(1) 自然乾燥と脱穀・調製

①自然乾燥は島立てで

バインダなどで、収穫したソバを島立てにして乾燥する（図4—15）。天気の良いときには一週間から一〇日程度で乾燥するが、途中降雨にあうと、乾燥を延長しなければならず、島立ての中で水分が高くなりムレ、場合によってはカビが発生する。このようなときには、新ソバとして珍重される甘皮のクロロフィルが破壊され、色落ちする。

図4—15　島立てによる乾燥風景

このことをさけるには、簡易のビニールハウス内に持ち込んで乾燥するとよい。一週間程度で種子は後熟し、残っていた緑色の種子も品種特有の種皮色となり、脱粒作業へと移ることができる。

②脱穀・調製の方法

乾燥したソバ植物から、ソバ種子を脱粒するためにはダイズ用脱粒機を用いる（図4—16）。乾燥が不十分であると、植物体が詰まってしまうことがあるので、茎を折り曲げても水分が滲み出ない程度に乾燥させることが必要である。また、こき胴の回転数を上げると、ソバ種子の種皮がはがれたり、種子が割れたりするので、四〇〇～五〇〇の回転数が適当である。

脱粒機がないような場合には、ムシロやシートを敷いて乾燥したソバをおき、唐竿でたたき種子の脱粒をする。唐竿がないときには、持ちやすい適当な長さの木の棒や塩ビ管でたたいて脱粒する。

脱粒機や竿で種子をたたき落としても、茎葉の断片などが混入したままである。次に、一～二センチの目の篩に入れてふるうと種子が落ちるので、大きな茎葉と分離できる。しかし、これでも種子と細かな茎葉は分離しきれていない。さらに、唐箕（図4—17）で種子を精選する。唐箕は、風の力を使って重い成熟した種子と細かい茎葉のような軽いゴミや未熟粒とを重量差で分離するものであり、

図4—16　ダイズ用脱粒機

図4—17　電動式唐箕

この操作を経てようやく精選された種子が得られる。

(2) 乾燥機を利用した乾燥

コンバイン収穫後のソバの子実は水分を含んでおり、そのまま放置しておくと、カビが発生し品質の低下が避けられない。コンバイン収穫後は、下記のとおり動力乾燥機で仕上げ乾燥を行なう。表4—6はいろいろな人工乾燥機による乾燥試験の結果を示したものである。この表を参考にし、次の点

果例

茨　城	鹿児島	茨　城
平型静置式	除湿乾燥機	自然乾燥(島立て)
常温	—	—
15・15	13・18.5	—
61・37	65・40	—
15.0	8〜20	—
0.68	0.67	—
680.0	810.0	—
0.1	0.083	—
21.4	37.1	36.5
15.0	16.1(14.9)	15.8
36.5(6日)	68(8)	14日
0.18	0.30(0.25)	—
621(491)	607(610)	—
12.6〜13.3	4.5〜10.4	—
13.8[5)]	14.9	15.0
—	—	—
—	—	—

「そば生産物品質特性等調査成績書」（昭和63年度），1989より

表4－6　乾燥試験結

試験場所	茨　城	鹿児島	茨　城	鹿児島
供試乾燥機	平型静置式	松茸乾燥機	平型静置式	電気定温乾燥機
乾燥設定温度(C°)	30	30	35	40
乾燥開始・終了時気温(C°)	15・14	13・14	16・16	13・18
乾燥開始・終了時湿度(%)	52・60	65・62	51・42	65・61
送風温度(C°)	30.4	27～37	35.1	39.1
風量(m^2/S)	0.66	0.75	0.76	—
張込重量(kg)	710.0	300.0	720.0	120.0
風量比(kg/S/100kg)	0.093	0.25	0.106	—
乾燥開始時含水率(%)	22.5	37.1	22.1	34.7
乾燥終了時含水率(%)[1)]	14.6	14.9	14.3	17.6(15.0)
乾燥時間(h)[2)]	10.0	28.0	6.5	18(8)
平均乾燥速度(%/h)[3)]	0.79	0.79	1.20	0.95(0.33)
排出重量(kg)[4)]	644(522)	222(221)	654(533)	95(95)
穀温(C°)	18.7～22.5	17.6～23.5	19.7～26.5	29.0～35.2
出荷時含水率(%)	14.0	14.9	13.8	15.0
燃料消費量(l)	9.25	—	9.8	—
1kgの水分を除去するのに要するエネルギー(kcal/kg)[6)]	1,250	—	1,320	—

注　1)：(　) 内は自然乾燥終了時含水率
　　2)：(　) 内は自然乾燥された時間
　　3)：(　) 内は自然乾燥中の平均乾燥速度
　　4)：計算値，(　) 内は報告書
　　5)：水分の戻りが生じたため再乾燥
　　6)：排出重量に計算値を用い，灯油の発熱量を8,900kca/lとして計算

図4—18　平型静置式乾燥機

に注意して行なってほしい。

①平型静置式乾燥機

基本的な構造は、熱風を送風する送風機と乾燥箱から構成されている（図4—18）。大きさは一～三坪で、一坪型が一般的である。乾燥箱のスノコの上に玄ソバを載せ、乾燥させる。

スノコの目が大きい場合には寒冷紗、ムシロなどを敷くとよい。ただし、静置式であるため、風のあたる部分とそうでない部分とでムラが発生するため、時々撹拌する必要がある。また、送風温度は風味を損なわないために、三〇～三五℃と比較的低温で乾燥させる。玄ソバの水分一五％程度で乾燥を終了させる。

②竪型循環式乾燥機

基本的構造は、張り込みタンク、バケットエレベータ、上部スクリューコンベア、送風機、バーナー、下部スクリューコンベア、ロータリバルブ、乾燥（通風）部からなる（図4—19）。

玄ソバはまずバケットエレベータにより乾燥機内に張り込まれ、乾燥部およびテンパリング部に堆積される。そして、送風機、バーナー、循環装置が運転する。玄ソバはタンク内を循環し、送風部を通過する間に乾燥するというシステムである。循環するため乾燥ムラが少なく、夾雑物の排出もされる。しかし、一〇〜三〇石の容量であり、比較的大きい規模向けである。乾燥温度は三五〜四〇℃で行なう。

図4―19　竪型循環式乾燥機

(3) 乾燥後の調整

ソバには表4―7に示すように、フツウソバおよび種子ソバの品質に関する規格規定がある。商品としてのソバ生産のためには、乾燥後の調製も重要な問題である。未熟粒や茎葉の除去が必要であり、従来は唐箕による風選が主であったが、現在は磨きを行なう機械もある（加工の項参考）。

また、玄ソバの含水率も規定されており、米麦用水分計によりソバの水分

表4−7　普通ソバと種子ソバの品質に関する規格規定

(1) 種　類

普通ソバ，種子ソバ

(2) 銘　柄

普通ソバ産地品種銘柄　階上早生（青森県で生産されたもの）
最上早生（山形県で生産されたもの）
常陸秋そば（茨城県で生産されたもの）
みやざきおおつぶ（宮崎県で生産されたもの）

(3) 規　格

イ　包装，量目　（イ）かます45kg
（ロ）麻袋45kgおよび22.5kg
（ハ）紙袋22.6kg

ロ　品　位　（イ）普通ソバ

項目＼等級	最低限度			最高限度			
	容積量(g)	整粒(%)	形質	水分(%)	被害粒，未熟粒，異種穀粒および異物		
					計(%)	異種穀粒(%)	異物(%)
1等	610	95	1等標準品	15	5	1	0
2等	590	85	2等標準品	15	15	2	0
3等	670	75	3等標準品	15	25	3	1

規格外……1等から3等までのそれぞれの品位に適合しないものであって，異種穀粒および異物が50%以上混入していないもの

（ロ）普通ソバ（4倍体）

項目＼等級	最低限度			最高限度			
	容積量(g)	整粒(%)	形質	水分(%)	被害粒，未熟粒，異種穀粒および異物		
					計(%)	異種穀粒(%)	異物(%)
1等	600	95	1等標準品	15	5	1	0
2等	575	85	2等標準品	15	15	2	0
3等	560	75	3等標準品	15	25	3	1

（ハ）種子ソバ

項目／等級	最低限度				最高限度		
	容積量(g)	整粒(%)	発芽率(%)	形質	水分(%)	被害粒および未熟粒(%)	異物(%)
合格	610	95	90	合格標準品	15	4	1

（ニ）種子ソバ（4倍体）　容積重が600g，その他は（ハ）と同じ

〈附〉

1. 4倍体の規格は，みやざきおおつぶおよび信州大そばに適用する
2. 種子ソバの規格は，都道府県知事が指定する採種圃場で生産されたものについて適用する
3. 北海道で生産された普通ソバに限り，その水分の最高限度は，2等級のものにあっては1%，3等級のものにあっては2%をそれぞれ本来の数値に加算したものとする

量を測定し換算する。仕上げ水分が甘いと貯蔵時にカビなどによる品質劣化を招き、逆に過乾燥の場合には玄ソバの割れを起こし品質の劣化を招くし、運転経費のムダにもなる。

(4) 貯蔵方法

種子は収穫後常温で放置するとしだいに発芽能力を失い、二年たった種子の発芽率は、二〇%以下にも落ち込むことが知られている。また、ソバは発芽力以外にも食品原料としての劣化も考慮する必要がある。

毎年秋になると新ソバが珍重される。新ソバの特徴は、風味の主体である香りがよいこと、甘皮のクロロフィル色素のために淡く緑がかったソバになることである。この甘皮の色は、収穫後しだいに淡緑色から茶褐色へと変化していく。その色調の変化に伴いソバの香りも減退していく。したがって、実需者からは甘皮

の色調のよいソバが求められている。品質の劣化を防ぐ手段として現在とられているのは、低温恒湿貯蔵である。一五℃以下、七〇～七五％の湿度で保存する。

ソバの貯蔵中の、ネズミによる食害も深刻である。ネズミはほかの穀類があってもソバを好むようである。したがって、ネズミが侵入しない場所に貯蔵する必要がある。一例として、廃車を利用してその車内（もちろん抜け穴がないもの）で保管している生産者の例もある。

6、その他のソバの栽培・利用

(1) 青ソバ（ソバモヤシ）

青ソバとは、ソバの茎葉をホウレンソウのおひたしのように食べることである。ソバは、霜が降らなければ発芽し生長する。八月の真夏には、葉菜類の出回りが少ない時期でもあり、この時期の青物としての利用も考えられる。ちょうどお盆の頃、夏バテで体の調子がよくないときには、ソバのおひたしで食欲を補うこともよい。とくにソバの茎葉には、ルチンも含有している。

青ソバは、花の咲かないうちに収穫するので、品種を選ぶ必要はないが、発芽力のよい充実した種子を選ぶほうがよい。畑に散播（ばら播き）でもよいが、前述した栽培管理を参考にして、播種量八

表4—8　ダッタンソバの品種

生態型	品種名	主な特性
夏　型	*rotandatum*	ロシア産。粒の表面はなめらかで，薄褐色
	tuberculatum	ロシア産。粒の表面はギザギザし，黒褐色
	石ソバ	北海道産。粒の表面はギザギザし，黒褐色
	韃靼種	由来不明。粒の表面はなめらかで，黒褐色
	cv.pontivy	フランス産。粒の表面はなめらかで，薄褐色
秋　型	中国·雲南産	中国雲南省由来のものは，導入した研究者により数十系統ある
	ネパール産	研究者により，ネパール全地域より導入され，数百の系統がある

キロ／一〇アール程度の厚播きにする。そうすれば、いくぶん徒長気味に生長し、しなやかな茎葉が得られる。本葉が二〜三枚付き始めてから、高さが二五センチ程度になるまで、随時刈り取って利用する。

(2) ダッタンソバ

ダッタンソバの栽培も近年注目されている。ルチン含有量がフツウソバより数十〜一〇〇倍程度あり、今後の新作物として有望なもののうちの一つである。自家受粉であり、咲いた花が結実するので収量性が高い。ダッタンソバは国内ではもともと栽培されておらず、栽培されている品種は近年に中国やネパール、ロシアから導入されたものに由来している。

品種としては、フツウソバと同じく夏型、秋型があるが、ロシアより導入したものは夏型、中国やネパールから導入されたものは秋型である。表4—8にダッタンソバの品種を示したので、参考にするとよい。

栽培方法は、フツウソバに準じた管理を行なうが、千粒重が一四～一六グラム程度と小粒なため、播種量を反当たり三～四キロとし、播きすぎないよう注意する。

ダッタンソバとソバがついているため、ソバ切りに利用できると思いがちだが、ダッタンソバは中国語で苦蕎麦とよばれ、特有の苦み成分がある。その苦みは、品種間差があるようだが、まだ研究段階にとどまっている。ダッタンソバだけでソバ切りとして食べるよりも、フツウソバのブレンド材料として東北地方で利用されている。

(3) 景観作物としての栽培

景観作物として、ソバの花を観光の目玉にする試みが、地方自治体や生産者団体で行なわれている。日本国内のソバは白い花であり、ソバ畑＝白色のイメージもあったので、白花のソバは、現在の栽培品種を使えば問題ない。赤花のソバは、民間会社の手で開発された赤花品種「高嶺ルビー」の種子が流通している。赤花と白花のソバを対比させればそのコントラストで美しくなるとも考えられる。

ただし、ソバは他家受粉の作物なので、隣接して異なる品種が栽培され開花期間が重なると、容易に交雑してしまう。得られた種子は異なる品種の交雑種子が含まれているので、それをそのまま栽培すると、両親とは似てもにつかぬソバになる可能性がある。したがって、異なる品種を隣接して栽培するときには、収穫した種子は全量消費し、翌年は改めて隔離採種された種子を用いるようにする。できるならば、交雑しないように別々に栽培したい。なお、ソバの隔離採種は、地形的な条件もあるが、虫媒花であるという特性から、少なくとも二キロ離して栽培することが推奨されている。

第5章　ソバの利用と加工

1、ソバ利用と加工・料理

(1) 多様なソバの利用

ソバなど穀類の利用法としては、粒食によるものと粉食によるものの二つに大別される。前者の代表はコメであり、後者はコムギである。ソバの英名はバックホィート（ブナの実のようなコムギ）とよぶように、厳寒地や急峻な高冷地におけるコムギの代用食から発生したもので、粉食としての利用が多い。図5―1にソバの主な利用法を示したが、わが国ではソバと麺が同義語であるように、ソバ切りとしての利用が主である。しかし、世界的にはコムギ粉でつくられる多くの食品に利用されている。

ネパールなどヒマラヤ高冷地帯ではチャパティとよばれる堅焼きパンのほか、麺としても利用されている。中国は食の本場であり、ソバ食品も多種多様である。朝鮮半島における冷麺にはもともとソバ粉が利用されてきた。

ヨーロッパには、東欧から南欧にかけ、ソバの伝統食品がある。東欧ではソバのむき実をカーシャとよばれるかゆにしたり、フランス・ブルターニュ地方ではクレープの皮に利用されている。イタリ

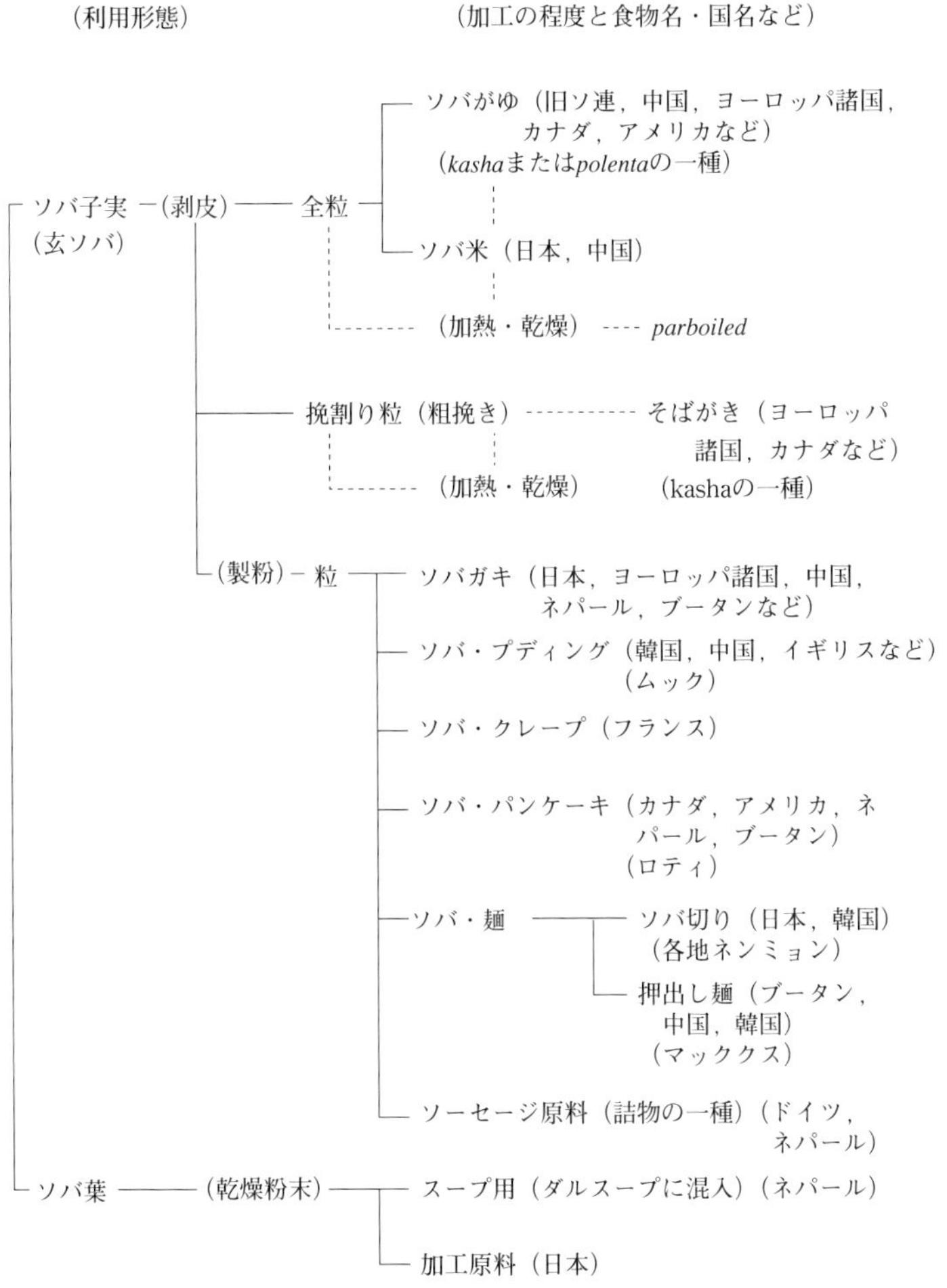
（利用形態）
（加工の程度と食物名・国名など）
ソバ子実（玄ソバ）
（剥皮）
全粒
ソバがゆ（旧ソ連，中国，ヨーロッパ諸国，カナダ，アメリカなど）
（kashaまたはpolentaの一種）
ソバ米（日本，中国）
（加熱・乾燥）
parboiled
挽割り粒（粗挽き）
そばがき（ヨーロッパ諸国，カナダなど）
（加熱・乾燥）
（kashaの一種）
（製粉）
粒
ソバガキ（日本，ヨーロッパ諸国，中国，ネパール，ブータンなど）
ソバ・プディング（韓国，中国，イギリスなど）
（ムック）
ソバ・クレープ（フランス）
ソバ・パンケーキ（カナダ，アメリカ，ネパール，ブータン）
（ロティ）
ソバ・麺
ソバ切り（日本，韓国）
（各地ネンミョン）
押出し麺（ブータン，中国，韓国）
（マッククス）
ソーセージ原料（詰物の一種）（ドイツ，ネパール）
ソバ葉
（乾燥粉末）
スープ用（ダルスープに混入）（ネパール）
加工原料（日本）

図5−1　ソバの主な利用法

（氏原，1983）

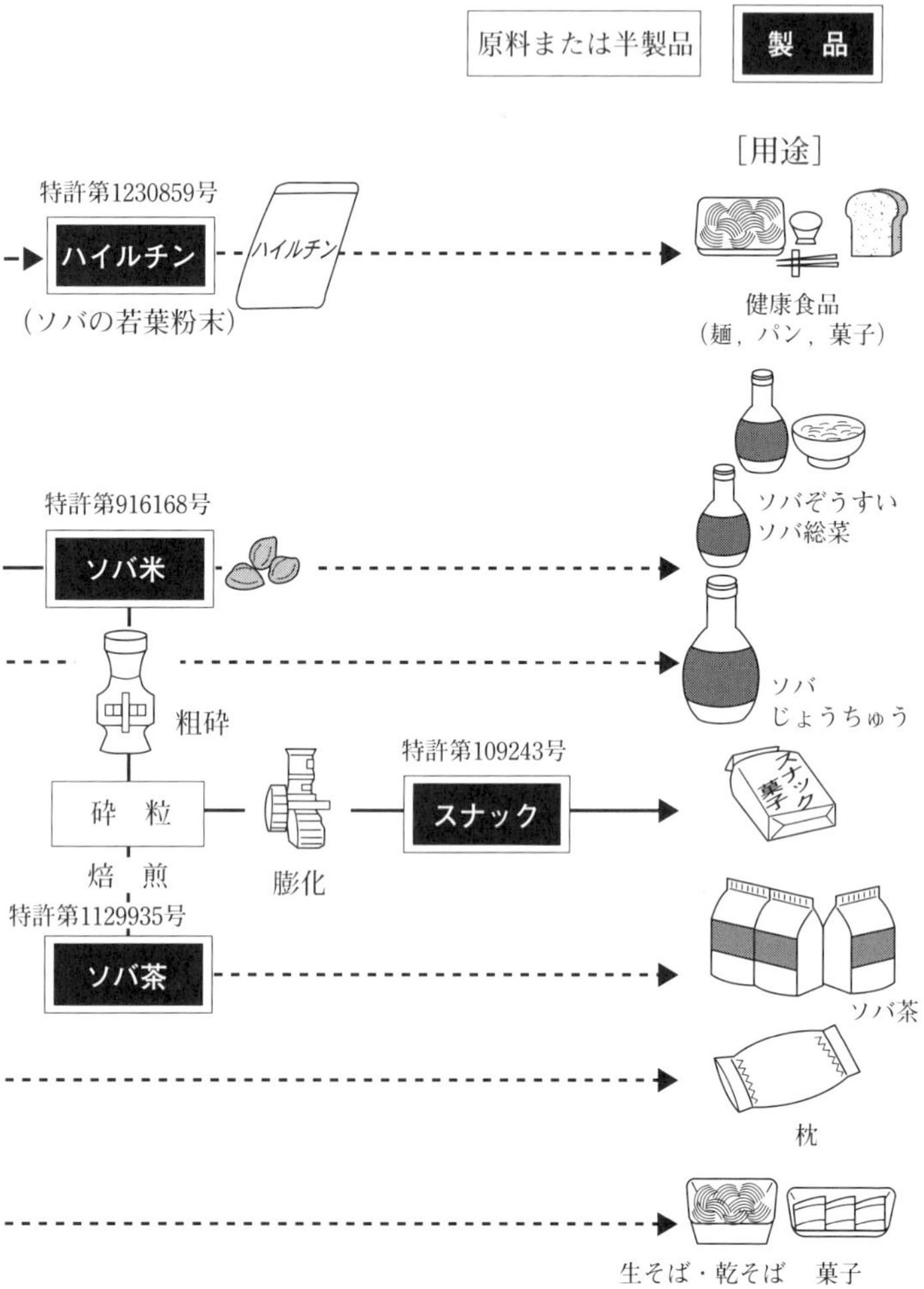
原料または半製品
製　品
[用途]
特許第1230859号
ハイルチン
ハイルチン
(ソバの若葉粉末)
健康食品
(麺，パン，菓子)
特許第916168号
ソバ米
ソバぞうすい
ソバ総菜
粗砕
ソバ
じょうちゅう
特許第109243号
碎　粒
膨化
スナック
スナック菓子
焙　煎
特許第1129935号
ソバ茶
ソバ茶
枕
生そば・乾そば
菓子

ソバ製品の数々（日穀製粉資料）

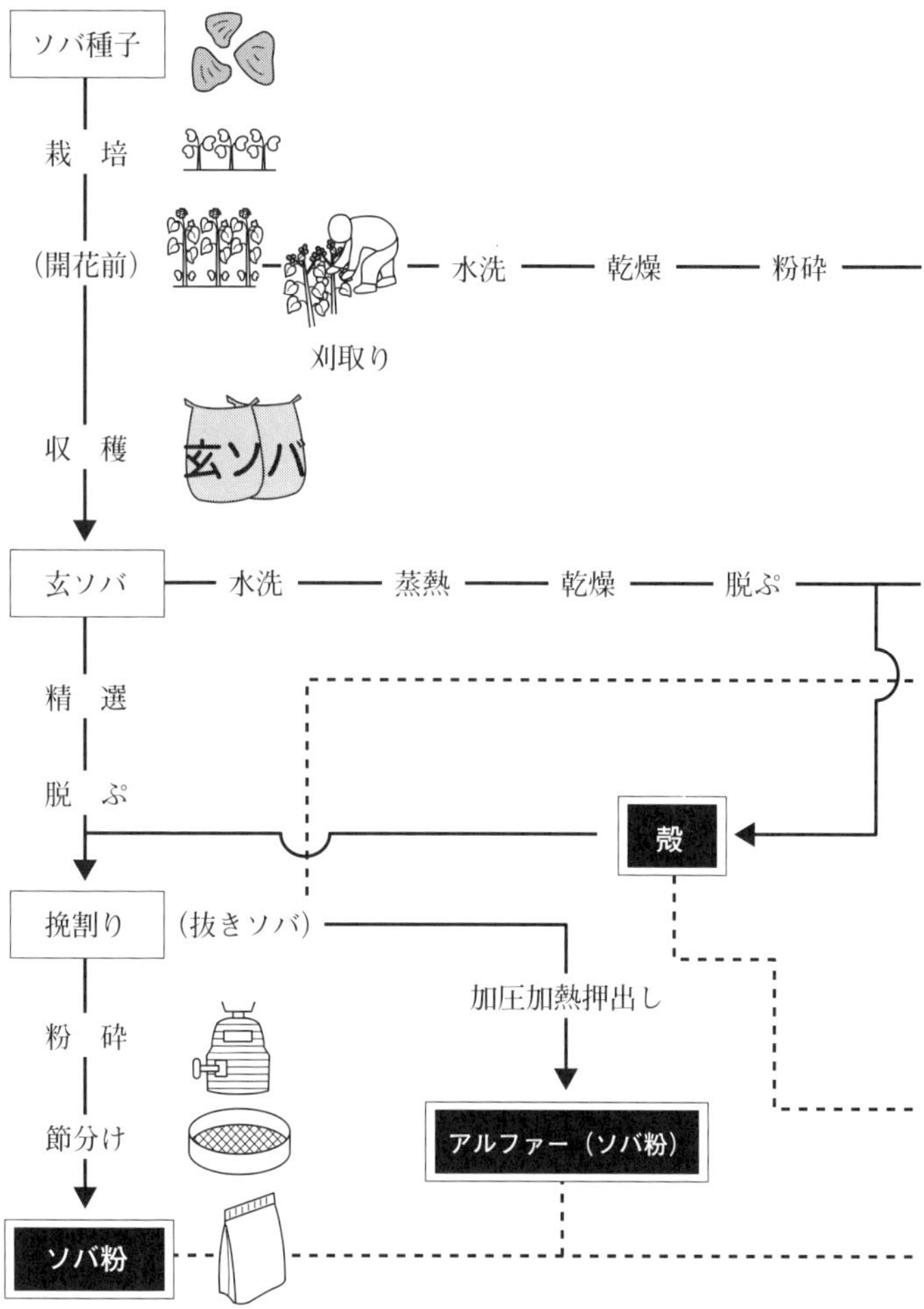

図5−2　ソバの利用部位による

アのアルプス地帯ではソバのパスタが地域の特産食品として人気が高い。

このように、ソバ＝ソバ切りと単純に考えがちな日本人だが、コムギ粉でつくられる多くの食品、料理にブレンドし利用できる。国内でソバ食品の開発の取組みは始まったばかりである。今後もアイデアしだいでソバ料理・食品は多彩になると考えられる。

(2) ソバ加工品のいろいろ

図5―2に㈱日穀製粉のソバ加工と製品を示した。

ソバの若葉も粉末にされ、食品添加物として健康食品に利用されている。収穫した玄ソバは、水洗・蒸熱・乾燥・脱プの課程を経て、ソバ米や焙煎しソバ茶に利用され、脱皮されたソバ殻は枕に利用される。精選脱皮された抜きソバはソバ粉として利用され、生そば、菓子類の原料となる。このように、ソバの利用は多様であるが、主たる部分はやはりソバ穀実から得られるソバ粉である。

(3) 日本でのソバ料理の例

①かわりソバ

通常はコムギ粉をつなぎとして、二割程度混合してソバ切りにする。コムギ粉二割程度なら、ソバ粉の風味を損ねないが、全国各地にはコムギ以外のものを利用し、一風変わった風味を楽しむソバ切

①
トロロ2カップ
とき卵1個
水1カップ
コムギ粉220g
ナガイモはすり鉢ですり，きめの細かいトロロをつくる
トロロと，とき卵をコムギ粉に入れてよくまぜる
①の材料をまぜたもの
②
①の材料をソバ粉に入れる
ソバ粉1kg
③
耳たぶくらいの硬さにこねる
左右の手が必ずソバについていて決して両手をはなさない
（これは乾燥を防ぐため）
④
打ち粉をしたのし板の上に，ソバを丸めて手の平で押し広げる
〈2～3cmの厚さ〉
打ち粉をしながら，まんべんなくのばす
⑤
3mm幅に切る
びょうぶたたみにしたソバ

図5−3　ナガイモをつなぎにしたソバ切りの手打ち例

（『わが家のこだわり食品5』農文協刊より）

りも多い。これをかわりソバとよんでいる。青森県ではダイズ粉を使う津軽ソバ、布海苔を使う新潟県のへギソバなどがある。また、ヤマイモをつなぎに使うこともよく行なわれている。

②昔ながらのソバ料理（ソバガキ）

ソバガキは、ソバ粉を熱いお湯でかき混ぜこねる。これを適当につまんで薬味入りのしょうゆで食べる。そのほか、こねたものを適当な大きさに丸め、つゆに入れて食べるもの、しょうゆ煮汁の中にソバガキを入れて食べるもの、ソバ粉一〇〇％ではなくカボチャ、カブ、サツマイモなど混ぜてつくるものなどいろいろある。

このソバガキを団子状にし、熱湯に入れゆでたものを薬味入りしょうゆで食べたり、砂糖蜜で食べたりするソバダンゴ。ソバガキを適当な大きさで鍋物の具にするソバネリなど、バリエーションに富む。

③コムギ粉や米粉に混ぜた菓子類

最近は村おこしでソバ菓子をつくることが多い。この場合には、コムギ粉（米粉）のお菓子に二割程度のソバ粉を混和し焼き上げる。あまりソバ粉が多いと、逆にソバ臭くなってしまうことがあるので注意したい。ソバカリントウ、ソバセンベイ、ソバ饅頭がある。

また、お好み焼き、ホットケーキ、回転焼きなどにも応用できるであろう。

(4) 世界のソバ料理

①ソバパスタ

イタリアのアルプスのような山岳地帯では、ソバはライムギにつぐ重要な作物であり、地域の伝統食品として珍重されていた。しかし、ソバの生産性が他の作物と比較して劣ることから、ソバ栽培は減少し、今や大部分が中国からの輸入である。しかし、近年研究の報告が散見されるところをみると、イタリアでもソバが見直されているようである。

ソバ粉一〇割のものより、コムギ粉に五割ブレンドしたものが強度、硬さなどでパスタとして有効である。

②ソバクレープ

フランスのブルターニュ地方は農業地域と海岸地域に二分されており、農業地域ではライムギ、ソバ、家畜としては豚の生産が多い。

ソバは主要な食物で、ガレットよばれるクレープとして利用される。ソバ粉、水、塩を練り合わせ、鉄板の上で焼き、詰め物としてとれたての卵、ハム、ソーセージなどを使う。

③朝鮮冷麺

朝鮮半島のソバの歴史は古く、焼き畑の主要作物としての位置づけがある。韓国でも、ソバ栽培が見直され研究報告が増加しつつある。主要品種として、*Shinnong* No1がある。

この地域のソバ料理として有名なものにそば冷麺（レンミョン）がある。主に、北方が本場とされている。ソバ粉七、でん粉三割の割合で打った麺をゆでて冷やし、特製のスープにキムチ、野菜、お好みの具を載せ、酢で味付けし食べる。ソバ粉、でん粉のほかにコムギ粉を加えると腰が強い麺になる。

④東欧のソバカーシャ

東欧は気象条件が厳しいため、ヨーロッパ人の主食たるコムギが栽培できない地帯も多い。ソバは、このような不良環境でも短期間に生育し収穫できる重要な作物であった。そのため、ソバを利用した料理も多彩である。

この地域では、カーシャというソバがゆが有名である。これは、玄ソバを煮ると、殻が割れてくる。これを固くなるまで乾燥させた後、殻を分離し、カーシャ（ソバ米）とする。塩、牛乳、バターなどで味付けし煮る。

⑤中国のソバ料理

中国はソバの起源地であり、ソバ料理も多い。とくに雲南省はソバ食品の数も多く、コムギ粉、米粉に用いられる食品と同様な使い方をする。ソバ麺、ソバ菓子、ソバケーキ、ソバ饅頭、ソバ餅などに利用される（氏原一九九二）。

⑥ヒマラヤ地方のチャパティ

ヒマラヤ諸国のネパール、ブータンというような国々の山岳地域では、標高が高く傾斜地で水利も不便で、ソバなどの雑穀が主要な作物になっている。これらの地域では、赤花のソバが栽培され、赤花の遺伝資源としても貴重である。

ブータンおよびネパールの一部の地域では、ソバ麺の料理がある。しかし、主流はソバ粉を練り、鉄板で焼いたチャパティである。インド、パキスタンの平坦地ではコムギ粉が使われるが、山岳地域ではソバ粉が用いられる。

2、製粉工程と機械

(1) 製粉の工程

ソバはこれまで各地域でそれぞれの方法で製粉されてきた。しかし、最近は情報、技術が地方へ普及し、各製粉業者も種々のソバ粉を提供するようになっている。

玄ソバから種皮を取ったものが「丸抜き」である。この丸抜きの工程で得られた粉砕粒は「割れ」と真っ白い粉(花粉)とに分ける。この割れを風選し、胚芽や細かいソバ殻を除くと「上割れ」が得られる。「花粉」は真っ白い粉であり、打ち粉として用いられる。上割れは「更科粉」の原料で白いソバ粉が得られる。

粉砕粒と丸抜きは製粉し、振動篩により「一番粉」、「二番粉」、「三番粉」にふるい分けられる。最後に残ったものが「さな粉」とよばれ、乾麺の色つけの材料となる。

以下、ソバ生産、製粉の参考のために、一般的な工程を示した。石抜き（磨き）→脱皮（剥殻）→製粉という基本的な工程である。

(2) 石臼による製粉

ソバの製粉は石臼挽きが高級品とされている。昔の石臼は手で回して、力がいり、疲れる作業であったが、現在の製粉工場では動力で石臼が稼働している。同志社大の三輪氏の説にしたがって、石臼の利点を次に述べる。

①粉焼けがない：石臼の回転速度は石臼周辺で秒速〇・五〜一・〇メートルで周辺ではさらに小さい。それに対し、ロール製粉のような高速製粉ではその一〇〜一〇〇倍の速度である。粉砕にかかるエネルギーは速度の自乗に比例し、このエネルギーの大部分が歪エネルギーとして穀粒の内部に広がり、著しい高熱を発する。結果的に粉の変性を起こすのである。

②閉じこめ粉砕：石臼面に閉じこめた状態で粉砕するので、香りが飛ばず、粉塵も発生しない。

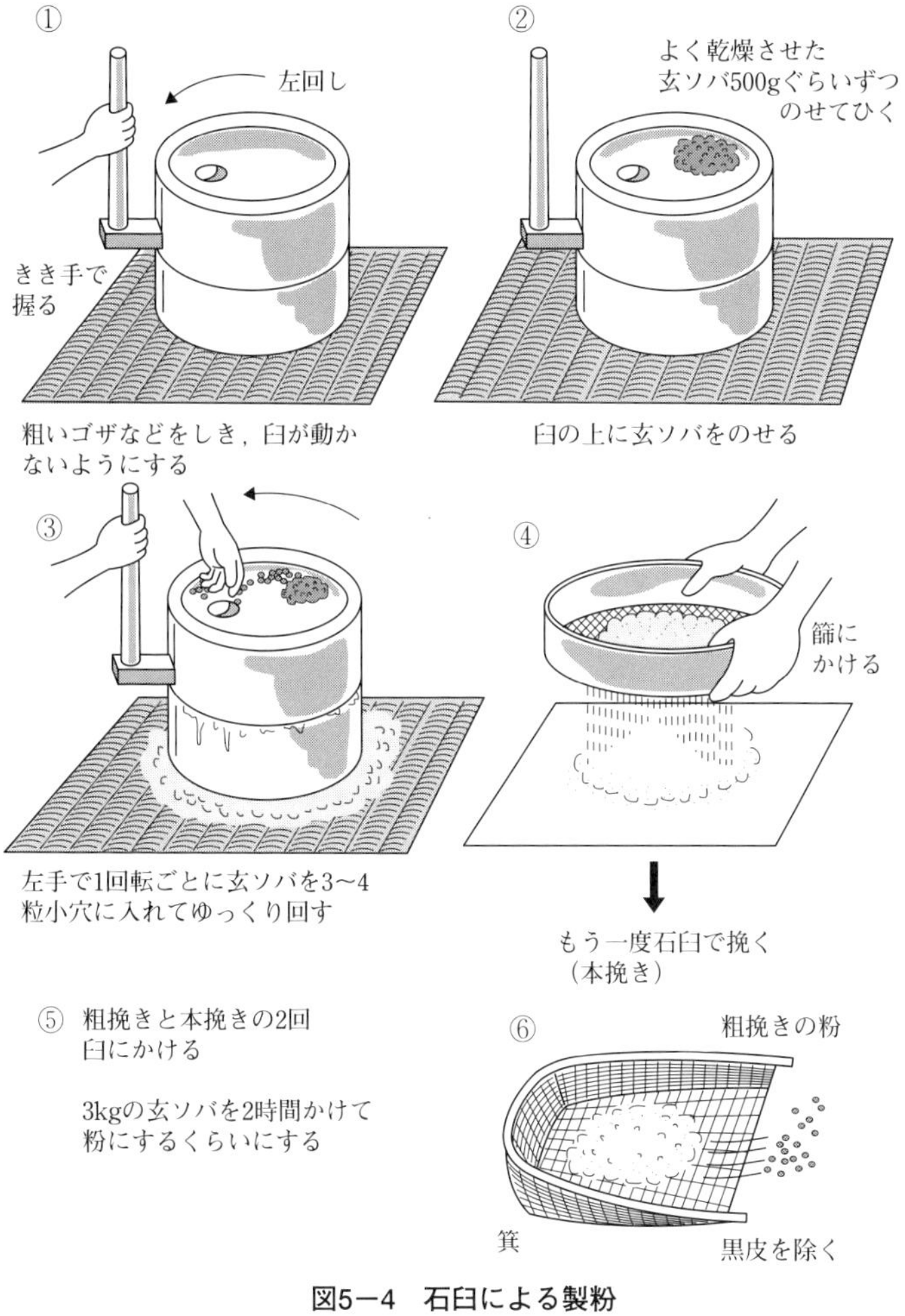
①
左回し
きき手で
握る
粗いゴザなどをしき，臼が動かないようにする
②
よく乾燥させた
玄ソバ500gぐらいずつ
のせてひく
臼の上に玄ソバをのせる
③
左手で1回転ごとに玄ソバを3〜4粒小穴に入れてゆっくり回す
④
篩に
かける
もう一度石臼で挽く
（本挽き）
⑤ 粗挽きと本挽きの2回
臼にかける
3kgの玄ソバを2時間かけて
粉にするくらいにする
⑥
粗挽きの粉
箕
黒皮を除く

図5−4　石臼による製粉

（『わが家のこだわり食品５』より）

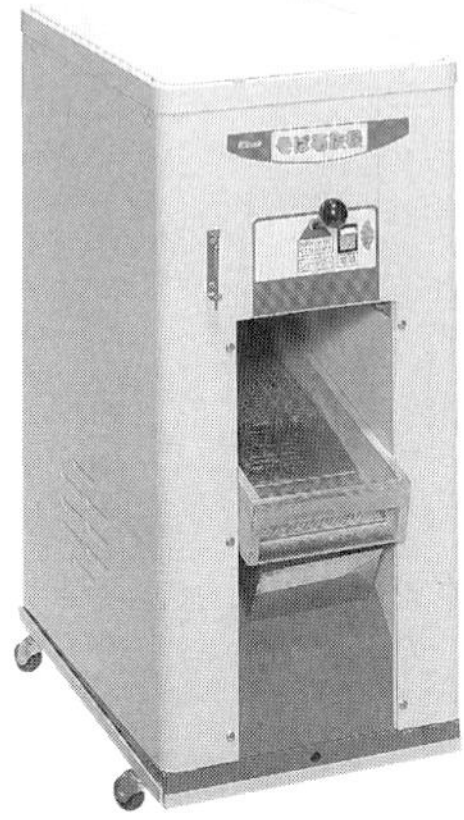

図５－５　石抜き機

③ブレンド効果：石臼は粉砕すると同時に石臼面の回転で、粉を練るような機能をもっている。

④ベンチーレーション効果：臼面にある溝により通気性があり、発生した熱を発散させている。

⑤摩砕効果：一般に角が取れた丸い粒子になる。

⑥せんだん粉効果：たたくというよりむしろ、はがすような作用であるため繊維状物質の粉砕に適する。

⑦石の粗面効果：石特有の微細表面構造が摩擦係数を一定に保つ作用をもっている。

このように石の機能と特有の構造により、高熱が発生せずにソバ粉の品質を一定に保つ効果がある。石臼による製粉方法を図５―４に示した。

(3)　石抜き機

ソバはコンバインで収穫される際、泥混じりの根が掻き込まれ、玄ソバと同程度の重量の石や土塊など夾雑物が混ざってしまう。したがって、脱皮、製粉の前に必ず、石抜き、磨きの調製が必要である。近年の商品開発の結果、石抜き方法も多様化してきた。揺動選別により小石を除去する方法、風力により選別する方法、強力マグネットにより小石を除去する方法などがある。

図5—5に揺動選別式の石抜き機を示した。

(4)　脱皮機

昔ながらの田舎ソバでは、ソバ殻（種皮）のついた玄ソバのまま製粉することが多いが、現在はソバ殻を脱皮して製粉するのが標準となった。また、ソバ殻をはがした抜き実を丸抜きとよび、これも商品価値がある。

脱皮工程は専用の機械によってのみ達成される。昨今の脱皮機の多くは、回転ドラムから玄ソバが出るとき爪で引っかけ皮をむくインペラ方式で、ソバの割れが比較的少ない。まず、選別工程では玄ソバを篩で選別し、脱皮工程へ移る。インペラで脱皮された丸抜きは受けに収まり、ソバ殻は風圧により選別される。図5—6に丸抜きをつくる脱皮機を示した。

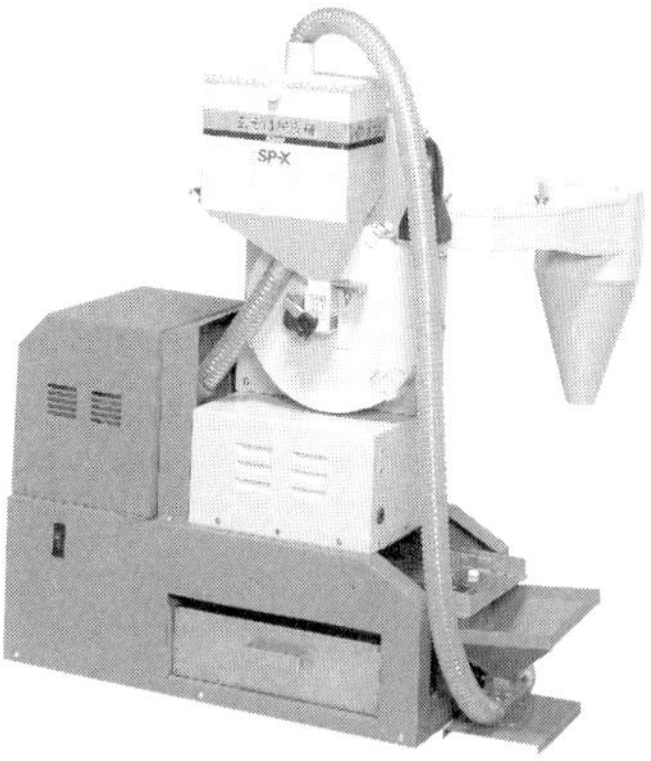

図５－６　脱皮機

(5)　製粉機

ソバ製粉といえば、石臼挽きが高級品とされるが、製粉業者は動力で石臼挽きを行なっている（図5—7）。さらに、更科粉、一番粉など商品の分類も多種類になっている。

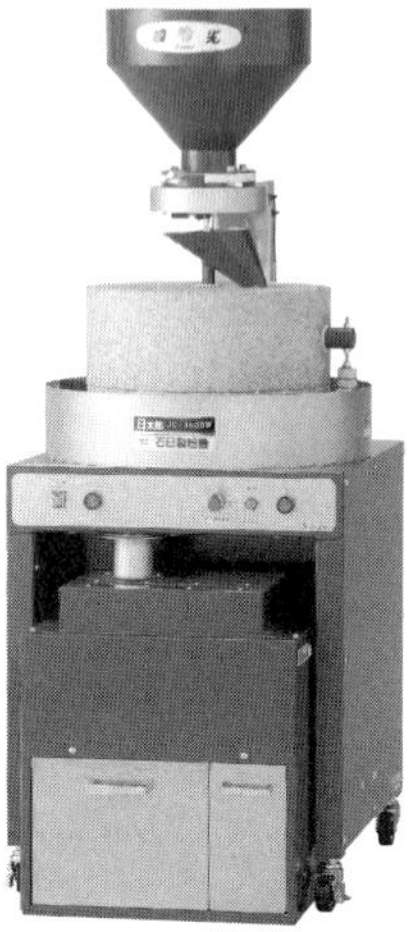

図5－7　製粉機

脱皮の工程で得られた粉砕粒は花粉と割れに分け、風選機にかけ胚芽と細かい殻を除去し、上割れが得られる。上割れを製粉するとでん粉質の多い白いソバ粉である更科粉が得られる。粉砕粒を製粉機にかけ振動篩により一番粉、二番粉、三番粉をとる。残ったのがさな粉である。

製粉工程で得られる良質のソバ粉の歩留どりは六五～七〇％であり、製粉業者は独自にソバ粉の等級（商品）を定め、ソバ粉をブレンドし二一キロずつ袋詰めする。新ソバに用いるような新鮮なソバ粉はサラッとして淡緑色を呈し、ほのかに甘みがある。褐色を帯びたソバ粉は古いヒネソバによるものである。

3、製麺工程と機械

(1)　機械製麺の工程

ソバ粉から得られる加工品の中でも、ソバ切りについてはすでに多くの参考書が出版され、講習会も開催されている。したがって、ソバ切りの手打ちについては前述（図5—3、107ページ）程度にして、くわしくは専門書にゆだねここでは、製麺機について紹介する。

ソバ機械製麺は、ソバ粉の篩かけ→つなぎ（コムギ粉）との混合（加水）→のばし→機械製麺という工程である。混合、加水、のばしと製麺が一体化した製麺機や、手打ち風のソバ切り機など、多種類開発されている。

(2) 篩機

石臼で挽いたソバ粉には荒い粉が混入する。篩（図5—8）を通したソバ粉は均一になり、混合、加水作業の点でも効率的である。

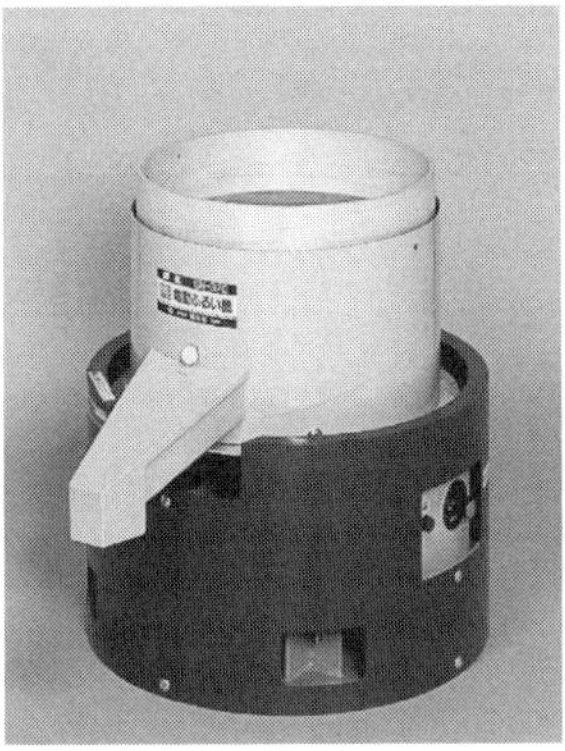

図5−8　篩機

図5−9　混合機

(3) 混合機

混合機内部に撹拌羽根が取り付けてあり、電動モータでソバ粉とつなぎ（コムギ粉）を均一に混合する（図5—9）。運転しながら加水し、混合する。混合された粉（麺粉）を製麺機にかける。

(4) 製麺機

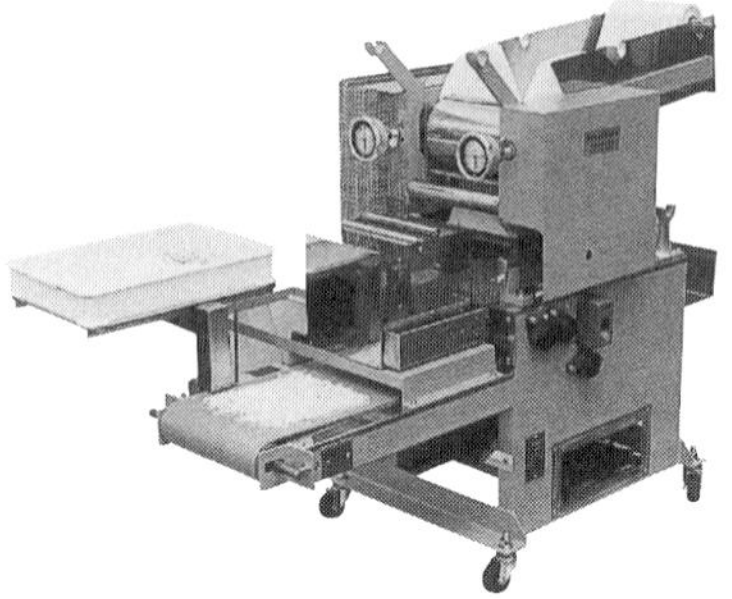

図5－10　製麺機

混合機でつくられた麺粉《めんこ》をロールに均一に供給し、粗づくりの麺帯《めんおび》をつくる。粗づくりの麺帯二本を合わせて、ロールの隙間二～三ミリに通し、一本の麺帯にする。もう一度ロールの隙間を少し閉めて二本の麺帯を通し一本の麺帯をつくる。さらに、ロールの間隙を少し閉めて、打ち粉を振りながらロールへ通し麺帯が完成する。切り刃をセットし、麺帯をロールに通して切刃の上に流せば、麺線となる。この切刃の種類により、手打ち風の麺の製造も可能である。

また、製麺機は家電メーカーから家庭用のものも発売されているが、ここでは個人店舗用について解説したものである。

第6章　ソバ栽培・加工・販売の実例

ここでは、平成十（一九九八）年におけるソバ生産者表彰事業（主催：日本蕎麦協会）から、国内の代表的なソバ産地を抜粋し、優秀な生産者、生産団体などを紹介する。この年は、八月以降台風が襲来し、収量的には不作ともいえる年であったが、このようなときでもそこそこの収量を上げており注目に値する。

1、北海道の大規模栽培――ＪＡピンネソバ生産組合（北海道新十津川町）

①地域の概要

北海道空知地方は、これまで道内の稲作地帯として有名であったが、生産調整の強化により、国内有数のソバ生産が盛んな地域となっている。とくに北海道では平成元年に良質多収品種のキタワセソバが開発されて以来、ソバ生産体系が確立し、意欲的な生産者・団体はこぞってソバ栽培に取り組むようになった。平成十一年のソバ栽培面積は九八〇〇ヘクタール国内第一位であり、その地位はゆるぎのないものである。生産されたソバは道内の地場消費はもちろんだが、多くが首都圏へ輸送されており、国産ソバの代表として、市場ではプライスリーダーの役割を果たしている。

この空知地方に位置するＪＡピンネソバ生産組合は、新十津川町のソバ生産者により平成十年に結成された新しいソバ生産集団である。新十津川町は北海道のほぼ中央部、石狩平野の北部に位置する。

表6−1　品種別の作付面積および収穫量（平成10年実績）

品種名	作付面積(a)	収穫量(kg)	単収(kg/10a)
牡丹そば	20,000	90,000	45
キタワセソバ	30,000	270,000	90

西方に樺戸連峰があり、ピンネシリ山の麓にあり、水田を主体としているが、近年の転作強化によりソバなど転作面積が増加している。気象条件として、寒暖の差があるが、降水量は多いとはいえない。しかし、台風の影響は少なく、ソバ生産に適している。ソバの作付状況は山あいの高地と平地の転作田とに分かれている。

②生産・販売の特徴

ソバ生産組合は一〇四戸の専業農家からなり、全耕地面積が水田六五〇ヘクタールおよび畑地三八〇ヘクタールあり、総計一〇三〇ヘクタールある。そのうちソバ作付面積は水田転作一二〇ヘクタールと畑作三八〇ヘクタールの五〇〇ヘクタールに及んでいる。一九九九年は収穫時期に強風があったため、全国的には減収となったが、十津川町ではおおむね生育は順調で収穫期が早く単収も昨年より高かった。作付体系として、ソバのあとに緑肥作物を導入することができ地力の維持がはかることもできると考えられる。

品種として、全道的にキタワセソバが多いなか、牡丹そばを取り入れ、固有需要に応えている。さらに減収を避けるため、適期刈取りの周知徹底を行なっている。ソバの品質は品種によって異なり、牡丹そばとキタワセソバそれぞれの特性に応じ、生産指導を行なっている。また、牡丹そばの固有需要を確保し高収益性をあげるべ

表6－2　作付体系

	作付面積（前作・後作）	作付体系別面　積（a）
水田	①秋播きコムギ（跡地緑肥エンバク）～ソバ～大小豆（5年輪作）	5,760
	②秋播きコムギ（跡地緑肥エンバク）～ソバ～牧草（5年輪作）	5,160
	③秋播きコムギ（跡地緑肥エンバク）～ソバ～水稲（6年輪作）	1,080
畑	①牧草―ソバ―ソバ（交互6年作）	25,460
	②秋播きコムギ（跡地緑肥エンバク）―ソバ（交互4年作）	7,220
	③秋播きコムギ（跡地緑肥エンバク）―ソバ―大小豆（5年輪作）	5,320

表6－3　栽培の概要

作業名	時期（月/日）	使用機械等	機械保有	労働力（人）		作　業時　間（時/10a）	耕種技術
				基幹	補助		
排水・溝掘り	5/下	サブソイラー	借用	1		0.25	
元肥散布		播種と同時					成分量（kg/10a）N:2～3，P:8～10，K:8～10
耕起		プラウ	個人	1		0.25	深度18cm，1回
整地		ロータリ	個人	1		0.17	1回
播種	6/上	播種機（4条）	共用	1		0.33	播種量4（kg/10a）
防除							
追肥							
中耕培土	7/上	カルチベータ	共用	1		0.17	機械中耕（除草）
除草							
収穫	8/中	コンバイン	共用	1	1	0.33	収穫時黒化率70%
乾燥	8/下	乾燥機	組合	2	4	1.00	強制乾燥自然通風乾燥機
			委託				
調整	9/上		組合	2	4	0.17	
袋詰			委託				
合計						2.67	

表6−4　生産費（円/10a）

	費　目	内　訳
種苗費	1,400	
肥料費	2,000	S702×2袋/10a
光熱動力費	500	
諸材料費	500	
賃貸料および料金	2,500	サブソイラー賃料1,000，乾燥調製委託料1,500
建物		
農機具費	2,000	コンバイン800，播種機800，カルチベータ400
労働費	2,700	1,000円×2.7hr＝2,700
その他	500	検査料・販売手数料
費目合計	12,100	

く、有利販売を行なっている。この有利販売がソバ産地として生き残る方法であり、時期別集荷体制をとり、生産物を均一にすべく調製の指導も実施している。

ソバを導入した契機は、そもそも産地銘柄としての位置づけを確保し、水田転作強化などによる他作物転換に伴う収入源を求めた結果であり、今後も一層の銘柄確立を推進し、農家経済の安定をはかっていくとのことである。今後の課題として、さらにきめ細かな作付指導を行ない、刈取り適期の徹底、高品質な生産物を安定的に供給したいといっている。

2、中山間地でのソバ栽培
―皆瀬村活性化センター（秋田県皆瀬村）

①地域の概要

東北地方は、古くからソバ産地として有名であり、津軽ソバ、わんこソバ、ソバカッケ、ソバ餅など、伝統的なソバ料理が多数存在する。しかしながら、東北地方は国内有数の穀倉地帯であり、ソバ栽培への関心は低かった。近年、ソバは高齢化の進んだ中山間地における、省力的で比較的規模が大きくても、栽培可能な作物として注目されている。

秋田県皆瀬村の有限会社皆瀬村活性化センターは、村が主体の第三セクターであり、転作田、遊休地にソバを栽培し農作業の受委託を円滑化している団体として注目されている。

秋田県皆瀬村は秋田県最南端に位置し、宮城県鳴子町、花山村に接する。総土地面積は二一八・六二平方キロメートルで、うち農地面積は六七一ヘクタールで耕地率は三・一%である。そのうち水田七四・八%、普通畑一六・五%、樹園地三・七%、牧草地四・九%である。総農家戸数のうち、専業農家七・七%、一種兼業一五・三%、二種兼業七七・〇%となっており、一戸当たり経営耕地面積は一・二三ヘクタールであり、全地域が過疎地域、特定農山村地域に指定されている。この皆瀬村の大半は栗駒国定公園にあり、標高一四三二メートルの虎毛山を最高峰にいただき、入り組んだ山岳地を形成している。水田の標高は一五〇〜四〇〇メートルに及び秋田県内有数の山間高冷地である。国の構造改善事業や土地改良事業により農用地の区画整理は完備されたが、圃場の標高差が大きく、農道も急峻である。土壌は灰色低地土が多く、比較的排水はよいが山間部からの浸水により良好な排水条件とはいえない。山間地であることから、気温も低く、年によっては冷害の襲来やイモチ病が蔓延する。

②栽培の特徴と工夫

主要なソバ栽培圃場は町内の羽場地区で標高は約三五〇メートル。この圃場はこれまで、冷涼な気候を利用して夏ダイコンを栽培していたが、連作障害により数年間放置されていた。活性化センターはこの土地を全面的に委託を受け、ソバ栽培に取り組んだ。圃場はやや傾斜しているがその勾配は小さく、畦畔がない四・五ヘクタール一団地を形成しており、作業効率は良好である。

気象条件は山間高冷地のため気温が低く、時に冷害に見舞われる。積雪量は三メートルにも達する積雪寒冷地のため春の融雪は遅い。一九九九年の雪消えは平年並みで四〜五月の気温は高めであったが、梅雨入り後は気温が低めで多雨・日照不足に見舞われた。そのため圃場の乾燥が進まず、農作業に支障となった。また、夏ソバの収穫期の八月、九月下旬、秋ソバの収穫十月には降雨により収穫が手間取った。春播きのキタワセソバは秋ソバ（青森在来）にくらべ、収量性がよかった。受粉促進のため、巣箱を設置したことがよかったと考えられる。

作付体系として、春の雪消えが遅く、降雪の早い高冷地としては、安全作期の上からソバ年一作が標準である。また、栽培面積が拡大し、収穫・乾燥調製作業が集中することが懸念されたので、春播き（夏収穫）と夏播き（秋収穫）を組み合わせて、作業ピークの緩和を目指した。

技術的な工夫として次のようなことがある。土壌は灰色低地土が多いので、比較的排水は恵まれているが、バックホーにより排水対策を講じた。土壌調査により酸性圃場があったため、石灰施用によ

表6―5　品種別の作付面積と収穫量

品種名	作付面積(a)	収穫量(kg)	単収(kg/10a)
キタワセソバ	310	2,480	80
青森在来	300	2,700	90

り酸性の矯正をはかった。また、無肥料では、生育量が確保できないため、施肥基準を順守した施肥方法の徹底に努めた。

品質改善の努力として、次のようなことに努めている。品質の維持ならびに収量確保のため、毎年種子の更新に努めている。自然栽培が要望されていることから薬剤散布を一切行なわず、無農薬栽培を行なった。受粉促進のため養蜂業者の協力により巣箱を設置した。乾燥は低温乾燥に努め、品質向上に努めた。調製は自社プラントとし、粗選機、石抜き機、研磨機、精選機により品質向上に努めた。

③経営の特徴

経営上の特色として、村主体の第三セクターということから、生産調整地や遊休地の有効活用についての事業展開となっている。

そのほかに、国定公園をひかえ、温泉資源に恵まれた景勝地・観光地となっており、観光客が多い。直営のソバ加工施設を運営し、観光客向けに地元産手打ちソバを製造・販売している。新ソバ祭りを開催し地域活性化に努めた。また、自社プラントにおいて、収穫・乾草・調製作業を受託し、労力低下と品質向上に努めた。そして堆肥部門を運営し、良質堆肥の製造・良質ソバづくりに貢献した。

ソバを導入した契機は、高冷地で気象条件が厳しいこと、専業農家が少なく、労働

表6−6　作付体系

	作付面積(前作・後作)	作付体系別面積(a)
田	水田〜ソバ〜ソバ	160
畑	秋ソバ〜夏ソバ	450

表6−7　栽培の概要

作業名	時期(月/日)	使用機械等	機械保有	労働力(人) 基幹	労働力(人) 補助	作業時間(時/10a)	耕種技術
排水・溝掘り	6/10	バックホー	借用	1		3.00	
元肥散布	6/15	マニュアスプレッダ	所有	1		0.50	成分量(kg/10a) N:2.6, P:3.4, K:2.4
堆肥2t/10a							
耕起	6/16	トラクタ	借用	1		0.50	深度15cm, 1回
整地	7/ 5	トラクタ	借用	1		0.50	1回, ドライブハロー
播種	7/15	ブロードキャスタ	所有	2		0.17	播種量4(kg/10a)
防除							
追肥	8/25	動力散布機	所有	2		0.17	成分量(kg/10a) N:2.0, P:0.0, K:0.0(散布)
中耕培土							
除草							
収穫	9/25〜9/28	コンバイン	所有	1	1	1.00	収穫時黒化率90%
乾燥	9/25〜9/28	循環型乾燥機	所有	1	0	4.00	乾燥機(35〜40°C)
調製袋詰め	10/1	調製プラント	所有	1	1	1.00	
合計						10.84	

表6−8　生産費（円/10a）

	費　目	内　訳
種苗費	2,500	
肥料費	10,000	堆肥 2t 8,000 円，硫加 12 号，硫安
光熱動力費	200	コンバイン燃料，運搬車燃料
諸材料費	200	紙袋
賃貸料および料金	5,000	トラクターリース 2,000 円×2，借地料
建物		
農機具費	3,000	乾燥料 1,400/45kg
労働費	10,800	8,000 円×10.8hr
その他	100	事務用品
費目合計	31,800	

力が高齢化していた。生産調整地や遊休地の有効活用として、活性化センターの設立により農作業の受委託が可能になったこと、などがあげられる。

集団の設立後間もないが、ソバを中心に事業展開をはかっており、「そばの里づくり」の推進母体として活動している。センターの作業委託により、ソバ栽培が飛躍的に拡大、ここ二年で五〇ヘクタールに達した。農家の作業軽減と所得確保、遊休農地の解消、村の活性化に貢献している。

今後はさらに作付けを増やし、規模拡大による低コスト化を狙う。また、面積拡大による種子確保のために採種圃の設置について検討するとのことである。低温貯蔵により、一層の品質向上、乾草調製作業の充実、ソバ観光農園、ソバ打ち体験、加工品の製造販売による「ソバの里づくり」と今後の課題はまだまだ大きいようである。

表6−9　品種別の作付面積と収穫量

品種名	作付面積(a)	収穫量(kg)	単収(kg/10a)
常陸秋そば	50	340	68

3、常陸秋そばの高品質生産—T・Sさん（茨城県金砂郷町）

①地域の概要

Sさんはタバコ生産農家であり、タバコ＋ソバの輪作体系による土つくりにより安定した収量、高品質なソバ生産を実施している方である。

茨城県金砂郷町は県北部に位置し、北は八溝山系をひかえ、西の栃木県境にも近い。南北に久慈川、南に那珂川が流れ、地形は平坦地と山間地に大別される。標高は五〇メートルで地形は八溝山南面、久慈川台地に位置し、黒色火山灰土壌の排水良好地で、葉タバコ生産地であったが近年作付けが減少している。内陸性気候で最低最高気温の差が大きく、年間平均気温は一二℃、降水量は一二〇〇ミリである。夏期は雷雨があり干害は少なく、降霜期間は十一月中旬〜四月中旬である。

②栽培の特徴と工夫

作付体系としては、タバコ作を中心にした経営であり、この後作にソバを導入し地力安定をはかっている。前作のタバコの残肥を利用しているため、無肥料栽培である。ソバは労力配分や短期間の作業であり、比較的容易に良品質の生産が得られる。

表6—10　作付体系

	作付面積（前作・後作）	作付体系別面　積（a）
畑	たばこ〜ソバ〜コムギ〜ダイズ	50

表6—11　栽培の概要

作業名	時期（月/日）	使用機械等	機械保有	労働力（人）		作　業時　間（時/10a）	耕種技術
				基幹	補助		
土改剤散布		ライムソアー	共有	1	1	0.33	石灰
元肥							無肥料
耕起・整地	8/17	ロータリー	個人	1		0.83	深度30cm，1回
播種	8/20	播種機	個人	1	1	0.50	播種量5（kg/10a）
防除							
追肥							
中耕培土	9/ 1	小型管理機	個人	1		1.00	中耕培土
除草							
収穫	10/18	人力	個人	1	1	8.00	収穫時黒化率40%
		動力脱穀機	個人	1	1	3.00	
乾燥		立型乾燥機	個人	1	1	10.00	自然乾燥：地干し
調製		唐箕	個人	1	1	1.00	
袋詰め							
合計						24.66	

技術経営上の特色として、まず技術上の工夫は以下のとおりである。前作タバコに堆肥（完熟）一・五トンを施用し、ロータリ（深耕二〇〜二五センチ）により土つくりを行なっている。施肥はタバコ肥料の残肥を利用するため無肥料である。播種量は、一〇アール当たり五キロで畦間六〇センチの条播として分枝数確保に努めている。タバコ—ソバ—コムギの輪作体系により連作障害を回避している。品質改善のために品種は常

表6－12　生産費（円/10a）

	費　目	内　訳
種苗費	3,500	5kg×700円
肥料費a		
光熱動力費	590	軽油320円，ガソリン270円
諸材料費	240	紙袋3袋×80円＝240円
賃貸料および料金	2,500	サブソイラー賃料1,000，乾燥調製委託料1,500
建物		
農機具費	1,700	トラクタ，動力脱穀機，管理機
労働費	24,600	1,000円×24.6hr＝24,600
その他		
費目合計	33,130	

陸秋そばを用い、二年ごとに種子更新をはかっており、良品質ソバとして市場の評価も高い。

経営上、タバコ作を基幹とした経営で、補完作物としてソバ、ダイズを導入している。土つくりを基本とし、とくに堆肥生産造成に力点を置き、地力維持増進をはかっている。ソバを導入した契機は、タバコ産地の補完作物としてソバは定着していることと、短期作物であり労力配分、栽培が容易でつくりやすいことがある。

4、水田転作でのコムギ—ソバ体系
—和田そば生産組合（長野県松本市）

①地域の概要

松本市は、長野県のほぼ中央部に位置し、この和田地区は松本市の西部にあり、標高六〇五～六〇六メートルの水稲＋野菜（スイカ）の生産地帯であった。地質は沖積層ならびに火山灰土で土質は壌土であり、生産力は高い。土地基盤整備も九割方完了しており、乾田のため排水条件も悪くない。

気象条件としても、内陸性気候であり、気温の日較差は全国屈指である。気温は年平均一一・二℃、湿度は六九%である。降水量は一〇一〇ミリの寡雨地域であり、梅雨期と秋霖期に多く、冬期は少ない。一九九九年は九月にきた台風七号の強烈な風のため登熟後半をむかえたソバが倒伏する被害が発生した。

②生産組合の特徴

和田生産組合は、農業従事者が高齢化しているなか、農業者および関係者が一体となって地域の農地の効率的利用を推進している。ソバについても、水田転作作物として位置づけ圃場利用効率を向上させるためコムギとの体系を組み作付けしている。関係者で構成する協議会により、一～二ヘクタールの団地化をはかり、主な栽培は認定農業者である土地利用型農家二戸が受託し、経営の安定科による担い手育成がはかられている。畦畔の草刈りは委託農家が行ない、受託農家が経営規模拡大しやすい体制になっている。

まとまった土地で、栽培も大型機械により効率的にしかも均一化でき、台風、長雨があってもある程度の収量を確保することができた。今後も地域一帯の取り組みにより、コムギ—ソバ体系による土地利用、転作推進、担い手の育成により一層のソバ生産拡大が予定されている。

③栽培の特徴と工夫

作付体系として、転作面積の増加に伴い、転作作物としてあまり手間のかからないソバをコムギ後に取り入れ、土地利用率を高めている。畑では、野菜（ハクサイ、スイカなど）の連作障害防止のためにコムギ—ソバ体系をはさんでいる。

技術上の工夫には次のようなことがある。圃場ローテーションにより連作障害を回避し、ソバだけでなく作物の生産性の向上をはかっている。コムギ跡の作付けを基本とし、圃場の利用効率の向上をはかっているが、排水不良地は極力避けている。播種適期の範囲内で播種時期の幅を設け、収穫期間を長くしている。前作の麦稈は播種作業の支障となるため、焼却し、リン酸、カリの補給にあてている。品質改善のために、収穫物はライスセンターに持ち込み、コメのラインを通すことにより磨き、石抜きをも行ない品質向上に努めている。

④経営・販売の特徴

経営上の特色として、オペレーター二名を核として、転作推進と圃場利用率の向上に積極的に貢献している。地域の生産調整推進対策協議会が中心となって、圃場の団地化に努め一～二ヘクタール単位に圃場をまとめ、大型機械化体系により作業時間の低減に努めている。肥料はムギ作跡の残肥と麦稈焼却灰を利用し、コスト削減に努めている。

生産物はソバ生産組合で販売し、オペレーターへの作業料金などを支払い、建物や機械はオペレー

表6－13　作付面積と収穫量

品種名	作付面積(a)	収穫量(kg)	単収(kg/10a)
信濃1号	2,850	28,193	98.9

表6－14　作付体系

	作付面積(前作・後作)	作付体系別面積(a)
水田	コムギ～ソバ～水稲～水稲(3年の繰り返し)	2,650
畑	コムギ～ソバ～野菜～野菜(3～4年の繰り返し)	200

表6－15　耕種概要

作業名	時期(月/日)	使用機械等	機械保有	労働力(人)		作業時間(時/10a)	耕種技術
				基幹	補助		
元肥							ムギ跡残肥のみ
耕起	7/17～7/26	トラクタ 耕耘ロータリー	個人	2		0.50	2回耕起(深さ15cm)
整地・播種	7/28～8/ 6	トラクタ ロータリシーダ	個人	2		0.67	播種量5(kg／10a)
防除							
追肥							
中耕培土							
除草	9/5～15	草刈機	個人	112		1.00	畦畔草刈り
収穫	10/23～10/31	コンバイン	個人	2	2	0.67	収穫時黒化率90% 刈幅190cm
乾燥	10/23～	ライスセンター	RC				送風のみ
調製・袋詰め	10/29～11/ 7	ライスセンター	RC				
合計						2.84	

表6−16　生産費（円/10a）

	費　目	内　訳
種苗費	1,940	自家採種13,915円/45kg×1,175kg 原種760円/kg×250kg　5kg/10a
肥料費	0	ムギ跡で無施用
光熱動力費	0	機械化銀行利用
諸材料費	382	紙袋92.5円/袋・22.5kg 屑粒用袋127円/袋22.5kg
賃貸料および料金	2,475	ライスセンター利用料　25円/kg
建物	0	機械化銀行利用
農機具費	0	機械化銀行利用
労働費	19,275	作業料金　播種7,500円（団地6,750円） 10a収穫12,300円
その他	60	検査手数料20円/22.5kg 出荷手数料3%（9.3円/kg）
費目合計	24,132	

タの属する機械化銀行のものを利用している。生産物の販売はＪＡによるが、一部イベントで、玄ソバ、ソバ粉、手打ちソバとして販売し、地元での利用も試みている。

畦畔の草刈りは圃場主（委託側組合員）が行ない、労力分担を担っている。そして、受託農家が作業料金を支払うシステムである。ソバ収穫後の残稈は焼却し、耕起し圃場主に返却することにより、継続的な賃借関係が築かれている。そのほかに、転作面積の増加と農業従事者の高齢化により、農地の有効活用が難しくなっているなかで、中核的な土地利用型農業者が核となるモデル的な一形態として、定着している。

ソバを導入した契機は、転作面積の拡大により、本格的にコムギとソバを導入したが、とくにソバは比較的単価がよく、ムギ用の機械で全作業ができるため、機械コストの低減・圃場生産性の向上、土地利用型農家の経営安定のために選択した。

5、南九州での高収量ソバ生産—K・Hさん（宮崎県新富町）

①地域の概要

宮崎、鹿児島両県は四倍体品種みやざきおおつぶが奨励品種となっており、これまで北海道につぐソバ作付面積をほこっていた。ここでは、宮崎県児湯郡新富町のK・Hさんを紹介する。

新富町は、宮崎県のほぼ中央の沿海部に位置し、農耕地は〇～数十メートルの標高にある。農用地面積は二二六七ヘクタールであり、北西部は高台畑地帯であり、南西部から南東部の一ツ瀬川沿いおよび東部海岸沿いは平坦な水田地帯が広がる純農村地帯である。水田地帯の大部分の土壌は灰色低地土であり、生産力は高いが排水があまりよくなく、早期水稲を中心に、ピーマン、キュウリ、トマトなどの施設園芸が盛んである。

一方、高台の畑地帯は黒ボク土壌が中心であり、土地改良事業による畑地灌漑施設を利用した、露地野菜、葉タバコ、茶などのほか、最近は施設園芸の導入が進むなど、活発な営農が営まれている。耕種部門以外では、養鶏、肉用牛、酪農などの畜産が盛んであり、農業粗生産額の五割を占めている。

気象条件として、年平均気温一六・二℃、降水量二三七二ミリ、日照時間二五三三時間であり、温暖・多雨・多照に恵まれている。一方、毎年数回の台風の襲来がみられる。

②ソバ栽培への取り組み

Kさんのソバの栽培圃場は日置・下新田地区の黒ボク土壌の高台畑地にあり、一筆平均四〇アール程度と大きく、さらに団地化されている。作付面積がおおむね三団地五五七アールと大規模栽培であり、地域を代表するソバ生産農家である。

最も労力を要する収穫作業を新富町ソバ部会に委託し、大型コンバイン収穫による省力化と経費節減をはかっている。また、有機栽培に対する関心が高く、ソバについては排水および風通しのよい圃場を選定し、無農薬栽培をしている。また、Kさんは新富町ソバ部会で主催する生産者・消費者提携促進活動（ソバ花見会、ソバ一日体験学習、産業祭）に積極的に参加し、「新富ソバ」の普及推進に貢献している。地域住民を対象にした「ソバ打ち体験研修会」などを開催し、ソバ食の普及にも積極的に取り組んでいる。新富町が推進している「ソバの花咲く町づくり」に積極的に取り組んでおり、景観作物として作付け推進に協力している。

Kさんは安定的なソバ生産実績により、一九九六年から宮崎県のソバ採種農家として選任され、種子の安定供給に取り組んでいる。一九九八年は二度の台風襲来のため倒伏、湿害、高夜温による結実不良などにより宮崎県下全域で単収、品質とも平年を大きく下回ったが、Kさんは九六・八キロと上位単収を確保したことにみられるように高い技術をもっている。

③栽培の特徴と工夫

ソバを導入したのは、サツマイモ、ナタネなどの後作として農用地の高度利用が可能なことである。また、ソバは単位面積当たりの投下労働力が少なく、大規模栽培が可能である。また、機械化作業体系の導入により、さらに規模拡大が可能であり、安定的な所得向上につながることなどによる。

技術上の工夫は次のようなことがある。湿害、病害虫の発生を防ぐため排水および風通しのよい畑地を圃場として選定している。前作への完熟堆肥および土壌改良剤の投入により、化学肥料の使用を避ける。収穫作業の円滑化をはかるため、播種時期の分散化をはかっている。品質改善のために県の奨励品種「みやざきおおつぶ」を導入し、収量・品質の向上と生産物の均質化をはかっている。種子は毎年更新し唐箕で精選したものを使用し、発芽率の向上をはかるとともに、種子の混入を防いでいる。収穫前にグループで検討会を開催し、成熟期に応じた収穫時期を設定し、適期収穫に努めている。

経営上の特色として、生産組合で専用コンバインの導入にともない、積極的に収穫作業を委託し、コンバインの刈り幅にあわせた排水溝の設置、ブロードキャスタによる施肥・播種同時処理など、機械化一貫体系の整備により省力栽培を実施している。

また、生産量の約半分をソバ粉・生麺・手打ちソバとして、自家加工販売をしている。

ソバを導入した契機は、施設園芸の盛んな地帯で、水稲収穫後水田が放置され、土地利用率が低く、

表6－17　作付面積と収穫量

品種名	作付面積(a)	収穫量(kg)	単収(kg/10a)
みやざきおおつぶ	487	4,713	96.8

表6－18　作付体系

	作付面積(前作・後作)	作付体系別面積(a)
畑	ナタネ～ソバ（1年輪作） サツマイモ～ソバ（1年輪作） ソバ単作	20 80 457

表6－19　耕種概要

作業名	時期(月/日)	使用機械等	機械保有	労働力(人)		作業時間(時/10a)	耕種技術
				基幹	補助		
耕起	8/20～8/25	トラクタ 耕転ロータリー	個人	1		0.50	2回耕起(深さ15cm)
元肥・播種	8/25～9/4	トラクタ ブロードキャスタ	個人	1		0.58	成分量(kg/10a) N:6.0, P:6.0, K:4.8 播種量7kg/10a
整地	8/26～9/5	トラクタ ロータリ	個人	1		0.25	種子混和のため
防除							
追肥							
中耕培土							
除草							
収穫	11/17～12/1	コンバイン		1	1	0.50	収穫時黒化率85%
乾燥	11/18～12/16	天日乾燥	個人	1	1	0.83	天日4～7日
調製・袋詰め	11/20～12/25	風選機	個人	1	1	0.50	
合計						3.16	

表6－20　生産費（円/10a）

	費　目	内　訳
種苗費	3,178	454円/kg
肥料費	2,079	
光熱動力費	815	軽油，混合油，ガソリン
諸材料費	400	紙袋100円/袋
賃貸料および料金	3,000	収穫作業料金3,000円/10a
建物		
農機具費	13,937	トラクタ，ブロードキャスタ，トラック
労働費	4,908	8,000円/hr
その他	60	検査手数料
費目合計	28,377	

雑草発生など景観上の問題があったこと。収穫機械の導入により、労力のかからないソバ栽培が見直された。生産グループによる収穫作業の受託体勢の整備、部会員の規模拡大によりまとまったソバ産地化がはかられているなどがあげられる。

参考文献

そば関係資料（平成11年2月）　社団法人　日本蕎麦協会（1999）
そばの栽培技術　社団法人　日本蕎麦協会（1998）
ソバのつくり方　菅原金治郎著　農山漁村文化協会（1974）
蕎麦の世界　新島繁・薩摩夘一共編　柴田書店（1985）
雑穀　取り入れ方と作り方　古沢典夫他著　農山漁村文化協会（1976）
畑作全書　雑穀編　農山漁村文化協会（1981）
食用作物学　星川清親著　養賢堂（1980）
ソバの科学　長友大著　新潮選書（1984）
文化麺類学ことはじめ　石毛直道著　講談社文庫（1995）

付　録

1．ソバ種子の購入先

＜キタワセソバ＞

①北海道内の各ＪＡ
②ホクレン農業協同組合連合会　ホクレン雑穀課
〒060-8651　札幌市中央区北4条西1丁目3番地　TEL 011-232-6219

＜階上早生＞

①青森県内の各ＪＡ
②青森県農産物改良協会
〒030-0852　青森市大野字前田87-11農協会館　TEL0177-729-8690

＜岩手早生、岩手中生＞

①岩手県内の各ＪＡ
②いわて麦・豆・ソバ等高度生産対策協会
〒020-8570　盛岡市内丸10-1　農産園芸課内　TEL 019-651-3111（代）

＜最上早生、でわかおり＞

①山形県内の各ＪＡ
②山形県青果物生産出荷安定基金協会
〒990-0042　山形市七日町3-1-16　TEL 0236-42-4546

＜常陸秋そば＞

①茨城県内の各ＪＡ

②茨城県穀物改良協会

〒311-4203　水戸市上国井町3340　TEL 029-239-6300

＜信濃１号、しなの夏そば＞

長野県内の各ＪＡ

＜みやざきおおつぶ＞

①宮崎県、鹿児島県内の各ＪＡ

②宮崎県産米改良協会

〒880-0803　宮崎市旭1-3-6 県庁第２東別館　TEL 0985-25-4677

①鹿児島県そば受給安定協議会

〒890-8577　鹿児島市鴨池新町10-1　農産課内　TEL099-286-2111(代)

２．品種の照会先

＜関東１号、関東４号＞

作物研究所

資源作物育種研究室　茨城県つくば市観音台2-1-18　TEL 0298-38-8393

＜キタワセソバ、キタユキ＞

北海道農業研究センター遺伝資源利用研究室

北海道河西郡芽室町新生　TEL 0155-62-9273

＜ダッタンソバ＞

①農業生物資源研究所

茨城県つくば市観音台2-1-2　TEL 0298-38-7467

②北海道農業研究センター

北海道紋別市小向　TEL 01582-7-2231

上記各場所は、ソバ種子を常時在庫しているわけではないので、必ず播種３カ月以上前に連絡すること。

３．主な加工機械メーカー

以下に紹介したメーカー以外にも多数あるので、規模や自分にあった機械を選ぶようにしたい。

＜石抜き機＞
　(株)国光社
＜脱皮機＞
　(株)国光社
＜製粉機関係＞
　　　石臼自家製粉機　　(株)国光社、石臼市場 源吉工房(株)
　　　石臼製粉機の他ロール製粉機等多数　　(株)柳原製作所
　　　店舗用、業務用製粉機　　(株)国光社
＜製麺関係機械＞
　　　篩機（自動タテ型篩機）　　(株)国光社
　　　混合機（竪型混合機、横型混合機）　　(有)ヒグチ麺機製作所
　　　製麺機　(株)三和商会
　　　製麺機、延し機（各サイズ麺機、コンビライン（混合機と製麺機が一体化したもの））　　(有)ヒグチ麺機製作所

　(株)国光社
　　本社：〒457-0064　名古屋市南区星崎１－132－１
　　　　　TEL052-822-2658(代)　FAX052-811-6365
　　　　　http://www.kokkosha.co.jp/
　(株)柳原製作所
　　本社：〒380-0935　長野市中御所1-19-1
　　　　　TEL0262-26-2485　FAX0262-28-6288
　(有)ヒグチ麺機製作所
　　本社：〒963-0107　郡山市安積4-20
　　　　　TEL0249-45-0308　FAX0249-47-1001
　(株)三和商会
　　〒063-0837　札幌市西区発寒17条14-2-1
　　TEL011-663-6451　FAX011-665-7683
　石臼市場 源吉工房(株)
　　〒370-2107　高崎市吉井町池1336-2
　　TEL027-384-6002　FAX027-387-9801

著 者 略 歴

本田　裕（ほんだ　ゆたか）
1960年京都府生まれ。
1986年農林水産省入省。北海道農業試験場，農業研究センター他を経て，現在，独立行政法人 農業・食品産業技術総合研究機構 東北農業研究センター 寒冷地特産物チーム長。この間，ソバ品種 キタワセソバ，キタユキ 他の育成にかかわる。

◆新特産シリーズ◆
ソ　バ
条件に合わせたつくり方と加工・利用

2000年３月５日　第１刷発行
2021年12月20日　第13刷発行

著　者　本田　裕

発行所　一般社団法人　農山漁村文化協会
郵便番号　107-8668　東京都港区赤坂7丁目6-1
電話　03（3585）1141（営業）　03（3585）1147（編集）
FAX 03（3589）1387　振替　00120-3-144478

ISBN978-4-540-99141-7　製作／(株)新制作社
〈検印廃止〉　印刷／(株)文昇堂

製本／根本製本(株)
Printed in Japan　定価はカバーに表示
乱丁・落丁本はお取り替えいたします。